可持续性时装设计

FASHION & SUSTAINABILITY

DESIGN FOR CHANGE

KATE FLETCHER & LYNDA GROSE

[英] 凯特·弗莱彻 [美] 林达·格罗斯 著

陶辉 译

東華大學出版社 · 上海

图书在版编目（C I P）数据

可持续性时装设计 /（英）凯特·弗莱彻，（美）林达·格罗斯著 ；陶辉译．--上海 ：东华大学出版社，2019.1

ISBN 978-7-5669-1471-2

Ⅰ．①可… Ⅱ．①凯… ②林… ③陶… Ⅲ．①服装设计 Ⅳ．①TS941.2

中国版本图书馆CIP数据核字(2018)第207677号

合同登记号：09-2015-725

责任编辑　谢　未
装帧设计　王　丽

可持续性时装设计

KECHIXUXING SHIZHUANG SHEJI

著　　者：[英] 凯特·弗莱彻　[美] 林达·格罗斯

译　　者：陶 辉

出　　版：东华大学出版社

（上海市延安西路1882号　邮政编码：200051）

出版社网址：dhupress.dhu.edu.cn

天猫旗舰店：http://dhdx.tmall.com

营销中心：021-62193056　62373056　62379558

印　　刷：深圳市彩之欣印刷有限公司

开　　本：890 mm × 1240 mm　1/16

印　　张：11.75

字　　数：338千字

版　　次：2019年1月第1版

印　　次：2019年1月第1次印刷

书　　号：ISBN 978-7-5669-1471-2

定　　价：68.00元

作者对中文版的赠言

我们非常高兴地看到本书中文版的面世，这样一来将会有更多的人了解到我们的想法。中国是全球时尚和可持续发展运动成员中一个非常重要的组成部分，这不仅是因为中国是纤维、纺织品和服装的重要生产国和世界上最大的经济体之一，同时它还是一个能够创造奇迹的地方。中国的一举一动都受到了全世界的关注，其在太阳能领域和气候变化方面作出的突出贡献有目共睹。因此，毋庸置疑，它独特的地位将使其能够成为全球时尚和可持续发展的典范：一个不仅仅局限于生产和消费领域的榜样，同时也将是在更多的基础领域产生着深远影响的榜样：它将创造出一种不同的时尚文化和新的思维方式。

我们可以预见时尚和可持续发展的未来将包含服装和穿戴者、生产者和大众之间的新关系，这就需要转变我们的价值观念，使材料的应用和新的着装系统与自然系统的更新与循环周期一致。而至始至终，这些都是时尚中一个不断变化但又至关重要的任务，也是一个令人兴奋和迫在眉睫的事情。

非常感谢武汉纺织大学的陶辉教授将本书翻译成中文，在此对她的辛勤付出表示衷心感谢。作为研究人员、教育工作者、设计师和作家，我们期待与我们的同仁能够在未来进行更多合作，推动时尚和可持续发展。

感谢您阅读此书。

凯特·弗莱彻、林达·格罗斯

2018年6月

序言（1）：穿上衣服

毋庸置疑，环境的命运已经成为当前最重要的一个话题，但人们对环境危机所涉及的性质、严重性或时间问题尚未达成共识。大部分人相信其他人（寄希望于专家）会来解决这些问题，这样我们就可以继续过我们的生活。实际上，成千上万的科学家和研究人员正在研究地球及其系统，从而确定工业文明会对环境产生什么影响，以及针对环境容量而言的人类活动极限是什么。这些研究包括：酸雨对森林、湖泊和农作物的影响；土壤和动物体内重金属的积累；温室气体的增加及其对气候和吸收辐射的影响；生物多样性的减少，包括世界渔业以及人类和动物对每天使用的产品和食品中的数千种合成化合物的耐受性。与这些研究同样至关重要的是，所要开展的转型工作需要从人们所从事及其擅长的各项事务中入手，它将通过共享的知识、网络信息和指导性手册去激发人类保护和孕育生命的本能，这就是这本书的内容和撰写目的。

林达·格罗斯（Lynda Grose）和凯特·弗莱彻（Kate Fletcher）提出了一个关键的问题：现在是否存在我们一致认同的原则和指标可以使得我们通往一个不仅可持续，而且还能被恢复的世界？其次，有了这些共享原则，我们是否能建立一个实用、科学又经济的转变框架，来指导时尚产业的商业活动？

没有一个产品类别能比时尚产品带来更多的新闻和关注度，让更多的杂志投身其中。从进化成两足动物开始，人们就对服装产生了兴趣，人类是唯一每天都可以改变外表的动物。我们穿上服装实现保暖、凉爽、美观、实用、专业等功能；许多女性和不少男性每天都在为穿什么、如何穿而烦恼；人们也会有意识或无意识地关注别人的外表，衣服、鞋子、包袋和帽子都是一个人品味、收入、阶级、教养和态度的体现，宽松的黑帮短裤和高级晚礼服都是用来彰显个人阶层倾向的用心选择。人们对款式、裁剪、面料、颜色和设计有着高度而普遍的认识，但是，这种认识并不包括衣架背后的世界、裁剪背后的技术、织物背后的纤维、纤维背后的耕地或是耕地背后的人。简而言之，我们并没有认识到选择服装对环境所带来的真正影响。

在本书中，林达和凯特采用了复杂的工业分区并运用一些应用知识和经验重新设想一个生态系统。为了做到这一点，她们从当前下行的系统中出现问题的地方后退了一步，为我们带来了一个再设计的杰出系统。在所有的经济领域中，围绕可持续性发展的基本议题对产业提出限定要求，即对材料的滥用将通过严格的标准所制约。从某种意义上说，可持续发展预示着一个更少消耗的世界的观点是正确的，因为它呼吁减少污染浪费、土壤贫瘠、危害工人（化学农药对工人产生的不良影响）、水体破坏等。但是，这并不是意味着我们将生活在一个只有棕色工作服和米色服装的单色世界中，可持续发展将提供多样化和更多选择，而不是减少。它提供了有意义的工作、更丰富的生计、地方性制造的重建、一个更安全的世界，还有值得为之努力的生活。诚然，仿生和生态化设计的世界预示着变革和创新，这是自工业革命以来我们从未见过的，因此，我们有责任让人们去认识自然系统的体量和边界，并从科学和经济两个方面去引导和阐述上述这些可能性，这就是林达和凯特从事该项工作的可贵之处。

这不是一本鸿篇巨制或指令，这是对设计师、纺织企业、制造商和农民所创造的生产系统的细致的研究性描述。我们可以将其称之为道德的、可持续的、绿色的，或其他任何你希望的时尚。它是一个对回归本源的呼唤，阐述我们如何能够携手合作，投身于我们共同分享和赖以生存的栖息地和资源。有三类与我们息息相关的事情极大地影响着这个世界：燃料（能源）、食品和时尚产品。如今，人们已经在全心全意地研究前两者，现在轮到时尚来履行道德使命，告诉我们什么是可能的，从而在每一个方面改变我们第二皮肤的生产和消费。我深信人类一旦明白手头上的任务是什么，就知道该做什么。因此，我们需要去了解正在发生的和所需要去做的，从而使时尚能够更好地服务于人类的美好生活！

保罗·霍肯（Paul Hawken）

序言（2）

自人类进入工业文明以来，时尚因其特有的身份符号受到着大众的追捧，也因别具魅力的性格和百变姿态撩动着大众的情感，无论是春天般的素雅澄净，还是秋天般的华丽妖娆，无论是桀骜不驯的野性，还是温文尔雅的冷静，都令大众对其有着近乎痴狂的迷恋，就在时尚给我们带来各种惊喜和奇迹的同时，也将我们带到了一个前所未有的困境：环境危机！

1992年1700名世界科学家曾对人类发出了第一次警告，提出了环境问题。25年后，来自184个国家和地区的15000多名科学家签署了《世界科学家对人类正式警告：第二次通知》。大量详实的数据告诉我们：环境危机迫在眉睫！可持续发展势在必行！

服装从纤维生产，到服装加工，到销售直至废旧回收处置，无不涉及能源消耗和环境污染问题，因此，时尚可持续发展问题也是当下所面临的一个重要课题。作为一所以纺织服装研究与教育为特色的大学，无论如何都不可能置身事外，我们有责任也有能力在该领域从事相关研究并作出应有的贡献。很高兴看到武汉纺织大学“生态服装设计和时尚可持续发展研究室”的研究者们正以积极的态度投身到该项研究中，他们已针对废旧牛仔服装的循环再利用、裁床余料的增值利用，以及基于环境友好型与资源节约型的生态服装设计和时尚可持续发展等课题进行了理论研究与设计实践，并取得了诸多可喜的成绩。未来他们也将加入到全球时尚可持续发展研究领域，与国际科学家和研究人员一起开展更多有助于时尚产业良性发展的理论与实践研究。

唐代诗人王维在《新晴野望》中描绘了一幅场景：“新晴原野旷，极目无氛垢。白水明田外，碧峰出山后。”这种令人心旷神怡、极目远眺的自然佳景，不正是我们开展可持续发展研究，建设生态文明所期盼的吗？应该是时候了，让设计彰显作为生存智慧的价值！期待中国时尚产业在全球可持续发展理念下健康发展，为创建人类美好生活贡献中国智慧！

武汉纺织大学校长、教授　彭育园

目 录

前言

本书汇集了40年来我们在时尚行业中围绕可持续发展问题所得到的经验。在此期间，作为顾问，我们一直工作在时尚行业内，从事设计研究，在大学和各种非盈利组织中承担教学工作。从农民到政治家，从工匠到学者，从化学家到时尚商人，我们与各类团体进行了交流。通过和这些团体一道工作，我们获得了许多与可持续发展、时尚和商业等方面相关的观点，这些观点有助于我们形成自己的看法。《可持续性时装设计》尝试将其中的一些观点与学习结合在一起，以激发行动与变革。

牛津英语词典对时尚的一个定义是：形成、铸造或塑造物质或非物质实体的活动。然而，这并不能解释时尚的全部要素。时尚将创意创作、技术生产和与服装相关的文化传播结合在一起，将设计师、生产商、零售商和所有着装者聚集在一起。[1]时尚用最好的创意帮助我们展示个体所具有的身份，同时将我们与更广泛的社会群体联系在一起，这使得我们更具个性和归属感。时尚是一个连接体，它将大众与人口、社会经济团体和国家连接在一起，同时，它也促使着人们进行变革运动。除此之外，时尚也与较大的系统如经济、生态和社会系统有着复杂的关系，时尚活动所带来的反响也受到更多的关注。在本书中，我们探讨了利用时装行业和这些大系统的关系来推进可持续发展所具有的潜力。

我们在本书中提及的时尚与可持续方法是机会主义的。我们首先从戴维·奥尔（David Orr）的问题着手探讨“可持续发展会让我们做什么？”，[2]并且开始探索如何在一个自然完整和人类繁荣的世界中实践时尚，以及设计师会以什么样的角色来帮助时尚业进行这一转变。可以说，可持续发展问题是对时尚界有史以来最大的批判。它在细节（纤维和流程）和整体（经济模型、目标、规则、价值观和信仰系统）的层面上挑战时尚。因此，尽管人们经常忽略时尚可持续发展的体制转变的性质，而倾向于对业务细节进行更直接的调整，但它有可能从根本上改变时尚行业，去影响每一个在这个行业中工作、每天接触时尚和纺织品的人。

本书旨在提供一些在时尚和可持续发展层面相一致的观点，并将其作为之前已呈现出的一些想法和工作案例的参考。这是经过深思熟虑的结果，它有助于展示这一新兴领域的发展轨迹，以及在某些情况下显示发展或变化的不足。本书分为三大部分，每一部分都聚焦在“时尚产业体系”领域不同的点或地方的修改和更新。每一部分都在不断地探索并拓展比当今工业的现状更深远、更广泛的思想和创新机遇。我们将每个部分都看作是连续变化的一部分，这为以设计人员为主导的介入提供了许多机会。由于在许多方面可以促进变革，通过集体努力，每一项变革都将影响到整个经济，因此，我们赞同在时尚中采取多方面的可持续发展方针，从而在部门内外以及在经济的所有领域内发挥作用。

第一部分从人们熟悉的地方开始，通过纤维选择、加工路线、使用行为和再利用策略来探索时尚产品转型中所存在的有利条件，从而提出了减少服装对可持续发展影响的方法并设法增加这些方法。将这些行为置身于自然系统的语境下，我们会感觉到即使设计师做一个看似简单的决定其实也有其复杂性。

第二部分将这一焦点进一步拓宽到构建整个时尚产业的结构、经济和商业模式的设计，并且通过适应能力、地方主义、速度、仿生学，以及协同设计来明确更广泛的机遇，从而改变时尚系统。这些想法鲜为人知，所以它们更具挑战性，也更大胆，因为它们常常跳出了当前时尚的商业视域而看起来有些不合时宜。

第三部分再次将焦点转移到时尚设计实践的转型。这一次，我们探索了一系列新的角色，其中设计师可以投身到一个与可持续发展理念相结合的时装行业；了解了设计师为“大转变”[3]作出积极贡献所需的不同技能，并使提高整体水平的过程成为个人实践的结果。这一部分比前两部分略短一些，也是经过了认真的思考，因为设计师的新角色在不断地涌现，我们希望将这种开端作为一个重要提示并给更多新角色的呈现提供一个发展空间。在未来的几年里，我们设想所有的经济部门都将迅速地由信息灵通的和有能力的设计师组成，并带来前所未有的创新性变革。

林达·格罗斯、凯特·弗莱彻

于旧金山和伦敦

第1部分：时装产品转型

可持续发展的进程推动了时装产业转变，也因其降低了时装产业所造成的污染、提升了产业的效率而倍受青睐。同时，可持续发展不仅改变了产业基础结构的规模和发展速度，也增加了产业间的互动。这种令人惊讶的变化方式让我们认识到，有时巨大的变化不一定都是来自于国际上的权威机构，也可能来自于你我日常一些微不足道的小事——这表明了我们的举手之劳也可能会为整个时装业带来变化。

1

经验告诉我们，大多数人会从自身最容易掌控的事情入手来改变自己的习惯做法。对于时装设计师和服装品牌来说，就意味着他们对产品、供应链，以及材料的选择。因此，本书的第一部分着重探讨基于可持续发展的时装产品创新。这种创新包括到从产品设计到生产完成的全过程，涉及到可能对环境和社会所带来的负面影响的各个方面。比如从原材料到生产乃至到消费者的行为、废旧服装的处置和再利用的可能性等。毋庸置疑，对生产和消费周期进行全方位的了解有助于我们形成一个纵观全局的思维方式——在这种思维下，要把时装产业看作是一个绝非孤立的且需要长期推进可持续发展的相互关联的系统。通常我们描述时装资源的生命周期的词汇，如创新、使用、丢弃和再利用大多来自生态学，如自然系统，其循环性、流动性和互联性等，这些借鉴于生态学的术语与那些保留下来的、用于时装业等制造业和零售部门的工业生产术语有着鲜明的对比。不过，这些词汇不仅仅是可持续发展理念带给时装产业的新概念，它们还体现出一种商业运作和实践设计的不同思维方式。这种思维方式超越了现有的时装领域中非此即彼，即将生产和消费活动分为独立和连续的二元对立的观点（即，或），而且这种现存的观点仅通过供应链来反映资源的流动，常常被描述为“索取—制造—废弃”，而与之形成鲜明对比的是，可持续性思维是建立在互利性和复杂性的基础上，以及对时装体系中模式、网络、平衡和周期的深刻理解。

所以最为关键的是当我们尝试着改进时装产品以提升其可持续发展特性时，我们需要对所作的决定作更广泛和深入的思考。当然，同样重要的是：我们还需要根据当下的实际情况，比如原料选择、供应商的情况和面料处理等问题采取切实可行的决策。要同时做到这两点需要运用我们的专业知识和实践经验。亚里士多德将此描述为“道德诉求与道德技能的结合”，[1]也就是说，需要把经验、知识体系和较好的应变能力相结合，学会在什么时间节点打破常规，如何重新设计一个适合特定环境和现有人员的解决方案。不过，在我们努力改造或革新解决方案之前，我们必须掌握它们现有情况，以及未来可能发生的情况。基于这个目标，本书第一部分重点探讨通过提高资源使用率，提高工人权利，减少化学品使用和减少污染等方面来改进时装产品的各种可能性。第一部分为各种变化的可能性奠定了一个认识的基础。

第1章 材料

我们生活在一个物质的世界，而物质是可持续发展思想的基础，是资源流动、能源使用和劳动的有形结合。它们将我们与当今时代的许多重大问题密切联系起来，例如气候变化、废弃物产生和水资源贫乏等问题。这在很大程度上归根于我们对材料的使用和需求。除了可持续性发展，材料对于时装也是极为重要的，他们把服装变成了一种象征来体现社会角色和个体身份。尽管并不是所有的时装设计都是使用纺织纤维的方式，但一旦采用了这种方式，它便受到同样法则和有限自然资源的制约。石油储备的减少使得石化纤维的价格和获取受到影响，淡水供应不足改变了农业生产，温室效应改变了全球纤维生产的格局（见下图）。

迄今为止，在时装产业中材料的开发一直是可持续发展创新中的重要部分。原因有很多，最为明显的是——几乎是标志性的——人们普遍认为“材料的选择”对时装的“生态”、“绿色”或“道德感”起着重要作用，假如使用替代材料就能缓解那些影响，那么我们的工作就完成了。然而，实际上，这些问题远比想象得更为复杂。材料创新之所以占据主导地位的原因之一是其具有快速修复的特性。替代材料带来的好处是，在几个月内，替代材料能快

可持续发展：一片纤维的新大陆

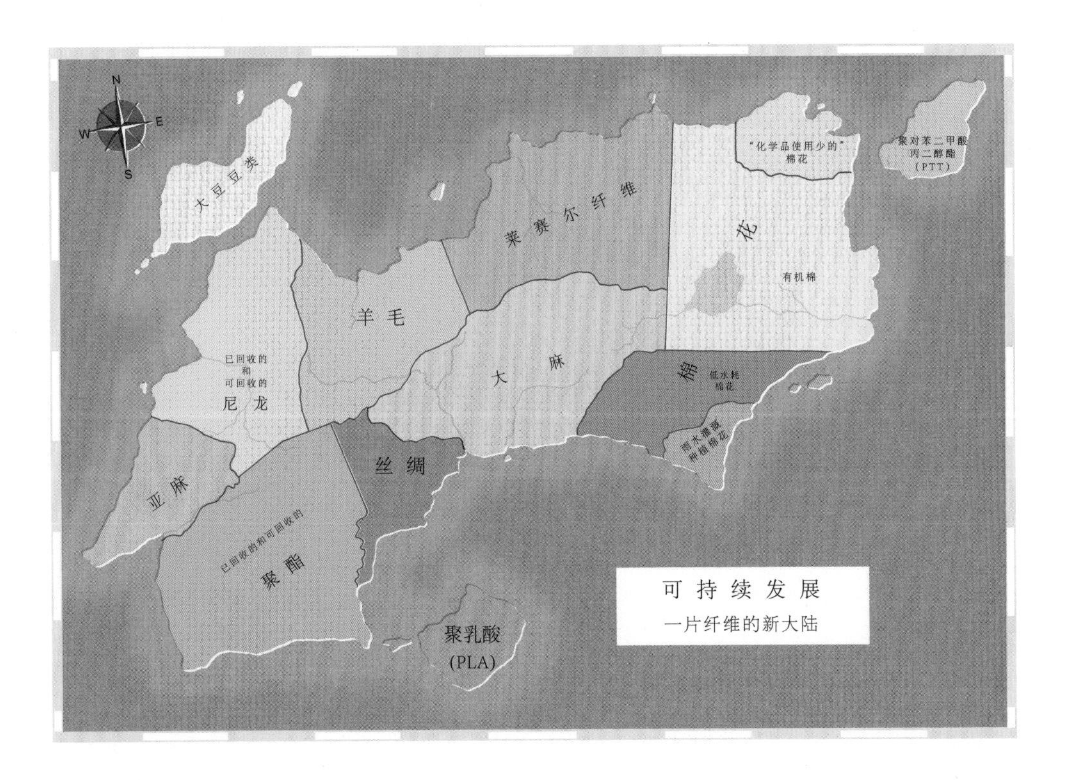

速地应用到产品中，并很快体现销售业绩。此外，以材料为主导的可持续创新往往被大多数设计师和买手控制而逐渐减弱，轻而易举地投入到既定的工作实践和行业现状中（多半是相同的，但更为环保），而不要求对企业进行重大改革。虽然选择更先进材料的好处总是会受到行业和供应链的制约，但它仍然非常重要，并不仅仅因为不同材料的选择会直接影响到农业生产者或资源数量，关键是他们向我们证明了改变是可能的。

纤维对可持续性发展的影响

服装材料对可持续发展的影响是全方位的，包括气候变化，水资源与循环的不良影响，化学污染，生物多样性丧失，过度消耗和滥用不可再生资源，废物生产，对人类健康的负面影响，以及对服装产业破坏性的社会影响。所有材料在某种程度上都会影响生态系统和社会系统，但这些影响因为纤维的规模和类型而有所不同。因此我们需要在特定的材料特性和可持续性问题之间进行权衡，对每一种纤维类型都必须进行衡量和判断。

就纺织材料而言，以可持续发展为导向的创新大致可分为四个相互关联的领域：

（1）增加对可再生能源材料的研究。例如，加快发展再生纤维。

（2）降低制作过程中的“投入物”，如水、能源和化学品。例如，低碳纤维的加工技术；有机天然纤维的栽培。

（3）谨遵生产者行为准则和采用有公平贸易认证的纤维，种植者和加工者在得到改善的工作条件下所生产的纤维。

（4）使用浪费较少的材料，让消费者和企业使用可降解和可循环再利用的材料。

这些创新领域之间的彼此关系由于科学研究的发展而在不断地变化，反过来又影响到社会和道德方面的问题。例如，过去10年来，联系气候变化中最新的科学研究，碳排放已经成为一个突出的问题。这导致了包括时装业在内的所有行业都在寻求应对的方式。对于其他问题，如针对农药使用量高的问题（特别是在棉花种植中），如今已经扩大了有机纤维的市场（不含合成农药、除草剂、化肥、生长调节剂或脱叶剂）。这一市场也得益于公众普遍存在的信任危机。转基因技术（GM）现在几乎在全球常规棉花生产中占据了50%，但在有机农业中却被禁止生产。[2]同时，纤维生产过程的道德审查使得棉花（轧棉前的原棉）公平贸易形式有所发展，保证了棉花种植者的最低纤维价格，并为该棉花种植机构提供了额外的经费用于开发项目。材料创新的关键是提出问题——供应商、客户、买方——关于用于某一特定用途的特定纤维是否合适、是否存在替代品。如果参与者有意参与并共同实现这个宏伟蓝图将使这项研究变得更有活力，这个宏伟蓝图就是使服装生命周期和服装时尚体系中的每个部分都变得更加环保、可持续。通过服装将纤维与其使用者连接起来将会形成一个跳板——在材料上的微小改变便可以转化成对产品以及用户行为的巨大影响。

再生纤维

地球的自然资源受到地球自身更新能力的限制，自然资源在数年或数月内再生的前提是人类对自然资源的开采不超过其再生能力。以棉花、大麻，以及树木纤维素为原料的纤维作物，如天丝纤维，可以在开采速度和再生速度之间达到临界平衡，因此这种纤维是可再生的。与此相反，基于矿物和石油的纤维，其开采速度和再生速度（石油约为一百万年）之间严重失衡，因此它们是不可再生的。

依据原材料的可再生性对纤维进行分类是快速且简单的方法。同时，还可将来源于动植物的聚合物（棉、羊毛、丝绸、黏胶、PLA，以及来自玉米淀粉的可生物降解的聚合物），以及来源于化石原料的聚合物（聚酯、尼龙和丙烯酸）进行划分（见右页图）。这种简单的分类经常带有先验性，纤维的“好”（假定是天然、可再生的）和“坏”（人造和非再生的）都是以可持续发展为标准来判定的。

然而，原材料的可再生性并不能确保其可持续性，对于一种材料的快速再生能力来说，我们对形成这种再生能力时所需的各种条件知之甚少——这些条件包括原料的产地和运输，加工中所需要的能源、水和化学品投入等。这些条件对生态系统、从业工人，以及产品的使用寿命都有潜在的影响。竹子就是一个很好的例子。近年来关于竹纤维可持续性的论述完全是由竹子高效而持续的可再生性所决定的。但竹子加工成黏胶纤维的一连串加工过程会在空气和水中排放大量废物。[3]要想真正地改善生态环境和人们生存的环境，涉及诸多复杂因素，也需要更广泛的责任意识，一种纤维的原材料的快速再生并不是孤立的，而是作为安全和资源丰富的生产战略的一部分，即在服装中制定连贯的计划，最终使其能够重新利用。

纺织纤维的种类

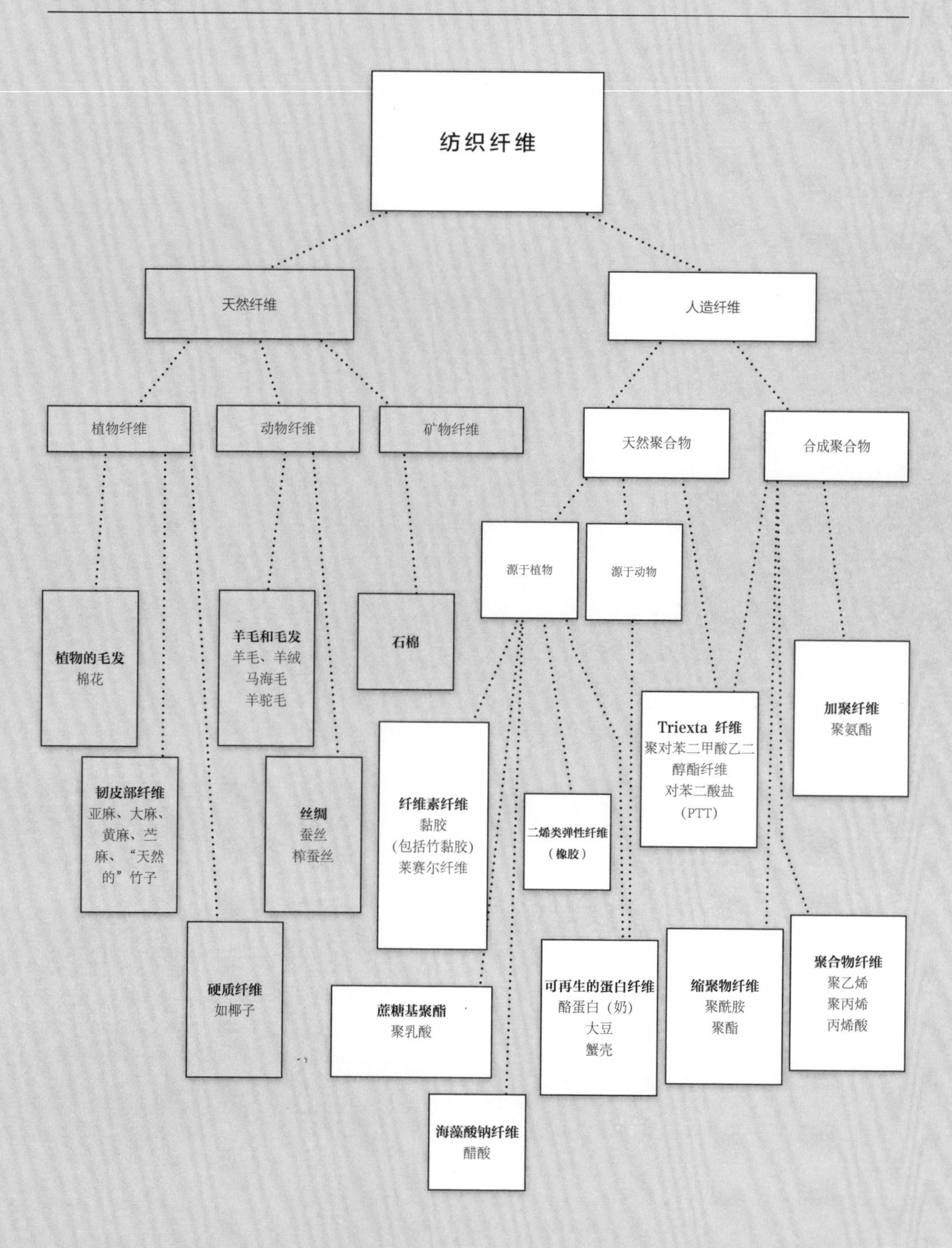
纺织纤维
天然纤维
人造纤维
植物纤维
动物纤维
矿物纤维
天然聚合物
合成聚合物
源于植物
源于动物
植物的毛发
棉花
羊毛和毛发
羊毛、羊绒
马海毛
羊驼毛
石棉
Triexta 纤维
聚对苯二甲酸乙二
醇酯纤维
对苯二酸盐
(PTT)
加聚纤维
聚氨酯
韧皮部纤维
亚麻、大麻、
黄麻、苎
麻、“天然
的”竹子
丝绸
蚕丝
柞蚕丝
纤维素纤维
黏胶
(包括竹黏胶)
莱赛尔纤维
二烯类弹性纤维
(橡胶)
硬质纤维
如椰子
蔗糖基聚酯
聚乳酸
可再生的蛋白纤维
酪蛋白(奶)
大豆
蟹壳
缩聚物纤维
聚酰胺
聚酯
聚合物纤维
聚乙烯
聚丙烯
丙烯酸
海藻酸钠纤维
醋酸

可再生能力：扩大责任范围

在这个更大的责任范围内，有两个重要事项。首先，应当制定使用和再利用那些闲置服装的策略。也就是说，寻求可以永久地回收现有纤维（无论是可再生的还是不可再生的）的方法，以便延长纤维的使用时间，从而使其尽可能接近其再生时间。其次，相比不可再生纤维，优先选择对环境影响小的再生纤维。这种纤维可能包括可快速再生的纤维（三年内再生）和每年都可再生（在一年内生长）的一些特定纤维。事实上，诸多机构和学者已经进行了大量的研究和开发，为市场带来了一些基于可再生聚合物的新型合成纤维。例如，美国联邦贸易委员会最近将DufPont的Sorona（聚对苯二甲酸丙二醇酯）指定为新类别的聚酯纤维（并获得新的通用名称——Triexta）。这种新型合成纤维是葡萄糖发酵所产生的原料（重量约占37%）与传统的石油基原料组合形成的。[4]日本制造商Kuraray生产的生物质尼龙6替代品则是来源于蓖麻油。[5]

现在发展较为成熟的对环境影响小的可再生纤维是天丝纤维（一种由木浆制成的再生纤维素纤维），与黏胶（也是由木浆制成的再生纤维素纤维）不同，其原料可以直接溶解在氧化胺溶剂中（不需要先转化为中间体化合物，这样就可以大幅降低该过程对水和空气的污染），然后将纤维素溶剂或溶液挤压成纤维，并在纤维洗涤时提取溶剂。在这个过程中，超过99.5%的溶剂是可以回收、净化和再利用的。[6]同时，由于氧化胺是无毒的，天丝纤维的原始状态也非常纯净安全，所产生的少量污水被认为是无公害的。由于天丝纤维在染色之前不需要漂白，因此只需要使用少量的化学品、水和能量就可以使其成功着色。天丝纤维的一些原料产品，诸如天丝和来自木材的原木浆（桉树木浆通常达到完全成熟大约需要七年），它们的原始材料都是在被认证的、在可持续管理的森林中生长的。一些生产商甚至开始探索其原料的有机认证，这将保证其纤维素原料不是来自于正在美国进行试用的、经过转基因改造而获得抵御霜冻能力的这一类转基因桉树。[7]

目前的研究和开发希望探索出一种不以树木纤维素为生产原料的纤维。但在现阶段，由于其微妙的化学反应，在天丝纤维制造链中竹子等其他类型的纤维素不能被加工。瑞典品牌H&M在其2010年以环保为主题的“花园”系列服装中，其材料选用了天丝、回收聚酯、有机棉和有机亚麻等，充分体现了其服装的环保特性。

天丝纤维外套，出自H & M的2010“花园”系列

可生物降解的纤维

设计一类在使用寿命终结时依旧无害、具有生物降解能力的服装是应对如今日益增多的纺织服装废弃物的一种积极环保的方式。满负荷的垃圾填埋场和越来越严厉的立法也控制了衣服被丢弃的途径。

生物降解的过程

生物降解包括纤维（或衣服）在一定程度上被微生物、光、空气或水分解成更简单的物质这一过程，这个过程必须是无毒的，并且在相对较短的时间内发生。[8]并非所有的纤维都会被生物降解，例如合成纤维的原料来自碳基化工原料，这种原料被认为是无法进行生物降解的。由于微生物缺乏分解这种纤维所需的酶，合成纤维可以在环境中长期存在并不断积累。相比之下，植物和动物纤维被降解成简单的颗粒就相当的容易。[9]然而服装通常是由纤维混纺制成的，如果合成纤维和天然纤维混纺在一起（如羊毛丙烯酸混合织物），那么其降解就会受到抑制。况且服装材料不仅仅只包括纤维。面料（包括热熔胶黏剂）、线、纽扣、按钮和拉链都会以不同的速度被分解，在不同的条件下其分解效果也有不同。由棉布、涤纶线、标签或贴边材料（饰面）组合而成的衬衫，其完全分解的进程不可避免地会因为这种组合而减缓。因此，只有预先设计和计划，在开始阶段就避免使用纤维混纺、不可降解的线和服装装饰物，服装才能够更好地被生物降解，不过，从能源的角度来看，选择使服装自然降解成为堆肥，又或者用焚化的方式进行能量再利用而不是去回收服装。这实际上浪费了衣服中蕴含的大部分能量（这种能量即生长和加工纤维所需的能量，制造产品、分配产品时耗费的能量等），因为它是将一个复杂的、高能量的产品（一件衣服）直接转化为低能量产品（堆肥），而不是去尝试提取发掘其更高的价值。[10]

迈克尔·麦克唐纳（Michael McDonough）和迈克尔·布朗嘉（Michael Braungart）在《摇篮到摇篮》一书中将堆肥作为可持续工业经济中可以被接受的两个循环之一。[11]他们认为，通过堆肥，一部分经济发展中产生的废弃物（例如服装）成为另一部分产业的原料（例如生产农业有机物质），有效地顺应了生长和衰变的自然循环规律。作者描述的另一个循环是一个工业回收循环，在这个循环中，材料（称为“工业营养”）可以被永久性地重复使用。在麦克唐纳和迈克尔对可持续经济的看法中，那些不符合这类特点的产品在未来将没有立足之地。

新一代可生物降解纤维

Trigema生产的可生物降解T恤得到"摇篮到摇篮"®的认证

对废弃物问题越来越多的关注，以及天然和工业循环闭合回路的兴起，促进了一类具有生物降解性的新型聚酯纤维（有时被称为生物聚合物）的发展，其中包括由聚乳酸（PLA）制成的纤维。PLA纤维（例如来自天然产物的Ingeo™）是由农作物（通常为玉米）中的糖为原料制成的，并且使用与常规石油基聚酯类似的方法进行熔融纺丝。这些纤维承载了许多期望，但也有需要担忧的问题。例如，由于玉米的聚酯纤维熔点低（1700℃/338° F），尽管近期通过研究已经将其熔点提高到2100℃（410° F）。[12]但其加工温度依旧受到限制，这可能会导致一些染色和耐压的问题。PLA纤维是可再生且可生物降解的，但只能在工业堆肥设备提供的最佳条件下分解。这是阻碍生物可降解合成纤维被大众认可的一个关键问题。因为接近家庭堆肥的环境条件无法提供这类纤维所需的温度和湿度来引发纤维分解。与此同时，缺少科学的工业堆肥方案所需的基础设施以及采集系统来控制和引导废弃物，这使得这些纤维无法回归自然，"天然—工业"环路难以闭合。有证据表明，在垃圾填埋场，可生物降解的合成材料所产生的甲烷浓度很高，而甲烷是一种强效的温室气体。[13]

显然，与纤维生物降解有关的问题并不简单。事实上，聚酯纤维的市场在近期已经披上了一层复杂的外衣，因为它是"可降解的"（这区别于非降解的或可生物降解的）。例如，杜邦的可降解聚合物Apexa（由聚对苯二甲酸乙二醇酯树脂或PET，树脂——如常规聚酯一般制成）在45天内可以明显地被分解，虽然这种分解处于刚性控制条件（高温、高湿和适当的pH值）之下。[14]

由此，出现了三类降解性不同的合成材料：可生物降解，可降解和非降解材料。

1.可生物降解的合成纤维（如上述的生物聚合物）用植物材料代替化石燃料，并可以达到分解的最低标准。

2.不可降解的纤维是从石油中提取出来的合成聚合物，这种材料不分解。

3.可降解纤维是以石油聚合物为基料，但这类纤维可分解，虽然这个过程通常需要几年时间。

需要注意的是，在每一个类别中都存在着分解速度和降解条件的多样性。

引入可生物降解聚合物的障碍

除了相关的术语可能会产生混淆，可降解的合成纤维降解性要想成功地实现可持续发展的预期目标还有很多问题有待解决，包括它们可能会增加了不同降解性纤维废弃物交叉污染的风险，产品质量也会受到影响。因此，可生物降解的纤维发展依旧要面对许多重大挑战，包括：

1.设计可完全被生物降解的服装，所有的纤维和配件部分都可以充分而且安全地被降解。

2. 发展合适的基础设施来收集和处理可降解的纤维。

3.完善可生物降解纤维的标签和信息，说明这类纤维分解过程与来源于石油原料的合成纤维（可降解及不可降解的）的分解过程的差异。

上述第一个挑战的工作领域中，《摇篮到摇篮》的作者作为布朗嘉化学设计公司（MBDC）顾问和德国休闲服装品牌Trigema合作生产出一种可完全生物降解的棉T恤。[15]他们通过选择特定纤维和经过处理的化学品从而使产品拥有快速、无毒的生物降解性能。为了达到这种目的，他们还限定了缝纫线、标签、紧固件，以及弹性纱线的选择范围。这些棉T恤由无农药和化肥残留的100%棉花制作而成，通过“摇篮到摇篮”®（Cradle to Cradle，专利）筛选的化学品进行染色，并采用100%棉线进行缝制。然而，我们应该认识到的是，虽然Trigema T恤应答了关于纤维再利用的一些问题，但是还有许多其他问题没有得到解答。例如：常规棉纤维是否已经可以安全地被生物降解？“摇篮到摇篮”所推荐的过程是最合适的执行方案吗（例如染色中的水和能源的使用）？堆肥前的最佳磨损量是多少？这一切似乎在告诉我们重点不在于“摇篮到摇篮”的观点的实际运用，而是需要我们认识到要扩大可持续发展的规模，那就需要我们形成一种全新的思维。

人类友好纤维

为了在不断变化的时尚产业中提高纤维的可持续性，我们应围绕人类健康和工人相关问题进行创新，一方面要考虑到一些具体事项，比如健康和安全的做法，改善工作条件，使工人进入工会并获得最低生活工资。另一方面，是一个较为宏观的问题，涉及在商业模式和国内外贸易实践中对工人的尊重和生产加工单位的问题反馈。

在缝制服装的工厂里，我们常常会发现许多影响工人生活的问题。问题的焦点往往集中在这里的原因在于裁剪和缝制是供应链中劳动最为密集的部分，这里也成为劳动力滥用的频发环节。诸如工资过低、合同缺失、无法获得集体谈判、身体或性虐待等事件在这里层出不穷。不过，劳动力问题在时尚供应链的其他环节中也很普遍。例如，棉田里的农场工人在接触了剧毒杀虫剂后，很多工人都出现了健康问题。世界卫生组织（WHO）指出：每年大约有300万例农药中毒事件，造成2000人死亡，这些人主要是发展中国家的农村贫困人口。[16]此外，在某些，棉花采摘过程中雇用童工的现象十分普遍，人们通常动员儿童劳动力进行农业劳动，以确保棉花配额得到满足。[17]对于农场工人来说，普遍存在的其他问题还包括低工资和工作的流动性；同时对那些小农场主而言，商品价格的上扬导致了利润空间的紧缩，使得他们只能在这片土地上苦苦挣扎，艰难维持。

贸易和商业系统的影响

影响劳动力的其他问题与贸易及商业体系的总体规则及价值观是相联系的。棉花等纺织纤维是经济作物，在全球市场销售，是生产国的重要外汇来源。在某些地方，将生产性土地转变为经济作物土地的政治压力导致了食品方面曾经自给自足的国家现在必须进口农产品，这使得这些国家的人口易受全球粮食价格上涨的影响。众所周知，针对这些问题的一种方案是公平贸易，目的是为传统贸易体系中在经济上处于不利地位或被边缘化的生产者和工人创造机会。[18]在公平贸易中农民可以获得产品的最低价格，这种最低价格包括生产成本以及在社会、环境或经济发展项目上进行投资的公平贸易的溢价。

还有，公平贸易认证实际上是一个衡量指标，以校对经济和贸易体系是否偏离轨道，由于某个系统过于庞大导致供应链之间缺乏有效的联系，设计师和公司就无法知道其制造商是哪一家。因此，公平贸易是一个基于市场的应对机制，以保证在一个人性化的环境中进行工业生产（包括服装生产），也是一个对贸易系统中所产生的信任危机问题的一种组织性的勘正。而对于设计师来说，真正的挑战是要自己去发展这些关系，认识制造商，了解个人工作关系的规模以及断裂点。因为当我们建立起一个融合了不同规模、关系和价值观念的产业时，认证可能就不再是关注的焦点。

公平贸易标志于2005年被推广，通过这种方式可以确保农民获得种植棉花的最基本价格，并对投资提供补贴。为了达到认证标准，公平贸易体系下的棉农在喷洒农药时也要穿防护服，减少中毒风险。[19]而且，市场接受公平贸易的速度之快有时让棉花种植的培训计划都跟不上了。此外，给农场主一个公平的价格并不一定能保证对农场工人有同样的待遇。设计师、公司或消费者还要考虑到市场对种植培训所需时间的要求，要认识到现存市场机制对于推广棉花可持续发展的局限性等都是非常重要的。

占据欧洲城市主街道的服装零售商C＆A与纺织交易所以及Shell基金会合作建立了一个名为Cotton Connect的新型实体组织，其目标是通过解决从农场到成品的可持续发展问题来改变棉花供应链。作为其初步的有机棉花策略的一部分，C＆A与选定的农业企业合作，要求其纺织产品的供应商在他们选定的农场群体所在的纺纱厂购买纱线。该公司通过一系列会议对其发展计划和未来预期进行了信息沟通，会议汇集了纺织品供应商、业务伙伴和农民合作伙伴，他们与纺织品交易所一同确定了需要引起重视的关键问题，如紧张的粮食现状，水资源短缺，以及培训农业实践和建立必要的社会实践意识等。该公司现在正计划与其他品牌和零售商合作，通过向最初的合作伙伴学习拓展合作空间。这样，通过在整个供应链中与合作伙伴进行协作，市场的发展和需求就可以与生产者供应纤维（长期以经济的、社会的并且生态可行的方式）的能力相同步。

化学品用量低的纤维

对于某些纤维，尤其是棉花，减少种植期间在农田中使用的化学品用量，将对工人的生活以及土壤和水中有毒物质的含量产生实质性的积极影响。目前，每年有价值20亿美元的化学药品被喷洒到当今世界各地的棉花作物上，这些化学药品中近一半被认为是有毒的，足以被世界卫生组织列为危险品。棉花的杀虫剂使用量占据了全球作物杀虫剂使用量的16%，超过其他任何一种单一作物。总的来说，全球每公顷棉花农田会用掉接近1kg的有害农药。[20]

减少棉花生长中化学品使用的途径

减少棉花生长中的化学负荷有许多途径。其中最著名的是有机农业，过去20年来，有机农业已经被凯瑟琳·哈内特（Katherine Hamnett）等人和其他数十个国家推广。不过，除此之外的其他途径还包括生物IPM（有害生物综合治理）系统，即农民使用生物手段控制病虫害。这些生物手段包括使用生物技术抵抗害虫侵害、使杂草清理更简单的转基因（GM）技术。这些减少化学品使用的方法之所以会存在，完全是由于棉花的商业价值和棉花是世界上最受关注的纤维的地位。棉花已经成为检验其他各类纤维的观察镜。棉花体现出来的问题，包括高级别的化学品使用，是整个时装界中可持续性实践争议的缩影。

目前已有100多个国家在种植棉花，每个国家都有自己独特的生物条件和所面临的挑战。并非所有挑战都与化学品的使用有关。中亚地区主要关注水资源。例如，由于本该流入咸海的河流被用来灌溉附近的棉花作物，咸海已经消耗了原来的一小部分。然而，在降雨量很高的西非，可持续性发展的优先事项是解决使用化学物质的问题而不是调用水的问题（尽管化学品泄漏造成的水污染仍然是一个问题）。这种差异导致了区域棉花种植战略的发展，这种战略可以解决特定地区的发展需求，并让我们认识到我们所面临的这些问题很少能通过一刀切的“普遍”解决方法来化解。然而，尽管有这方面的某些知识，但目前的经济模式却倾向于采用大范围的通用解决办法，而不是小规模的区域解决方案，因为大范围的通用解决办法更容易被推行。以棉花为例，这种通用的解决办法体现在紧急情况下的棉花种植使用了快速生长的转基因技术。转基因技术在1996年首次被推出，现在约占全球常规棉生产的50%，[21]占美国棉花作物的88%。[22]

转基因棉花

由同行评议的科学论文表明，用于实现化学还原的转基因棉花最成功的品种是Bt棉。[23]Bt棉花植株中的遗传密码被设计成为含有对害虫有灭杀作用的细菌毒素（苏云金芽孢杆菌，简称Bt），这意味着只有较少的害虫会对这类作物造成侵害，因此需要的农药喷雾也较少。虽然生物技术行业认为这样可以节省农民的资金（由于农药和作物管理所导致的成本缩减、劳动力成本的减少），并保持纤维产量和质量，[24]但是转基因技术的许多问题仍然没有得到解决。这些问题不仅包括其安全性以及长期减少化学品使用的有效性，还包括侵受Bt毒素的害虫发生遗传抗性的可能性。这种遗传抗性会使这些害虫能够在转基因作物以及相邻农场的农作物中迅速成长。[25]然而，有趣的是，对于这种有机生长方法我们也发现一些问题，特别是在高效生长区域。有机作物产量会低于常规棉产量的60%（根据每公顷收获的纤维的常规产量），而且当市场不支持有机作物带来的价格增长时，这种减少可能会对农民造成重大的经济损失。这一挑战也使得将有机方法作为减少化学品使用（在种植领域）的关键手段受到质疑。实际上，有机棉目前仅占全球棉花产量的0.24%[26]~0.74%。[27]

围绕着在纤维层面上降低化学品用量的创新，必然会涉及转基因技术（病虫害综合管理）与生态有机方法的商业与意识形态的争论。由于对各种方法的有效性缺乏独立的科学研究，要理清这些问题并不是一件简单的事情：目前，在这个领域里，大多数发表的研究成果是来自生物技术产业自己的转基因产品的实践。现存的关于转基因纤维的大量论文往往会给生物技术带来“科学性”和“可验证”的印象。相比之下，缺乏对有机物和其他类似方法的同行评审研究，这会使它们显得“意识形态化”和“未经证实”。然而，这些推理显然是错误的，因为两个阵营都有一套价值观来解释科学数据。对于转基因技术的支持者来说，这种价值观基于他们对技术能够解决问题的信心。对于有机方法的支持者来讲，其信念则是基于自然的合作型解决方案。前一个群体倾向于在现状中工作，接受造成问题的条件（如棉花种植中现有的农业实践），并采取行动减少其不利影响（例如，开发一种新的、更具抗虫性和抗除草剂的种子）。相反，后者则试图改变有问题的工业及农业实践体系，使问题本身消失。因此，选择一种纤维而不选另一种这种看似简单的行为实际上与全球问题和个

拓展棉花“可持续性”的选择

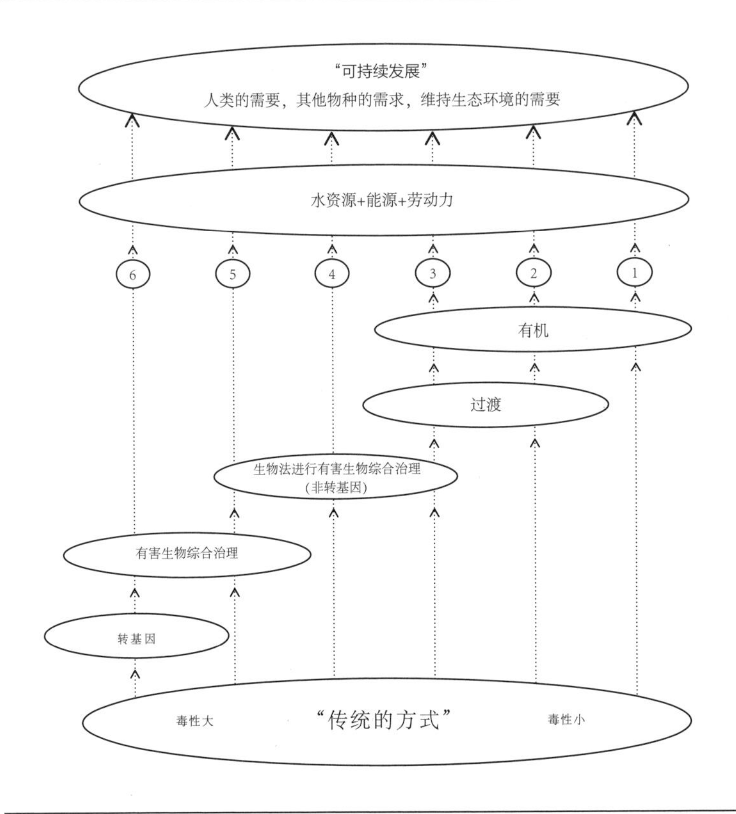

对棉花“可持续性”提出的扩展性选择。[28]有机生产是为推进棉花种植的可持续发展作出重要贡献的一个工具。其他的生物农业系统通过这种可扩展性选项扩大生态目标。转基因抗虫（Bt）棉[29]可能为那些因为化学依赖性太高，无法立即转化为有机物而产生退化的区域生物系统提供了一个踏脚石，不过昆虫遗传抗性的威胁也得到了广泛认可。[30]

人价值观密切相连；这种选择包含了我们是喜欢深入而慢速的变化还是快速的推进；以及为了使可持续性不断发展，哪些干预措施和衡量尺度是必须的等一系列问题。

Prana（2006）的Home Grown T恤，第一件由清洁棉制作的T恤

非转基因棉花

Prana品牌的Home Grown T恤是使用在加利福尼亚生长的清洁棉（Cleaner Cotton TM）制成的首个产品。清洁棉在种植中最大限度地控制农药的使用，它与有机农业有着相似的目标和规则（见左页图）。这两种方法旨在减少农田中化学品的使用，要求种子是非转基因的；并利用生物农业系统（如释放有益昆虫以控制害虫种群，制作农作物陷阱将害虫引出农田等）为生产服务。清洁棉的生产禁止使用用于常规棉的13种毒性较强的农药。如果农民在面临经济破坏性的虫害时，使用了“禁止使用”名单上的农药，纤维就不再符合“清洁棉”的规定，从而又返回到常规市场中。这种“安全网络”结合纤维产量平衡系统，使清洁棉在农业生产水平上更具伸缩性。该方案减少了加利福尼亚棉花种植时几千千克的化学品使用，并为替代转基因作物提供了一个可行的方案。

低能耗纤维

在时尚领域，能源的耗用是纤维选择中的一个关键问题。当然，这与当今的全球问题，如气候变化、碳排放以及石化产品使用等诸多因素密切相关。化石燃料燃烧产生的能量是“碳活跃的”，因为它将储存在地球深处的碳（以煤、天然气或石油的形式）释放出来，作为二氧化碳这种主要的温室气体释放到空气中。在纤维生产中尽可能少地使用矿物燃料产生的能量，从而减少二氧化碳的产生，是环境和经济推动下的大势所趋，尤其是当我们经历了诸如石油峰值的现象。“石油峰值”一词反映了这样一个事实：任何有限的资源在某个时刻都会达到最佳产量（峰值），[31]之后，随着油田老化，其生产力下降，石油的开采会变得更危险、更困难、更昂贵。气候变化和石油价格上涨的双重挑战在2008年创历史新高，达到每桶石油147美元，这使得生产者开始推动纤维生产过程中节约能源的实践，并且对替代能源，如风能和太阳能的关注度有所提升，同时还将新的焦点放在低能量，甚至是低碳纤维上。

再循环是一个易被忽视但非常重要的低耗能的纤维生产路线。据估计，即使是能耗最为密集的合成纤维被回收，其中的聚酯或尼龙被还原为聚合物，然后重新挤压成一个新的产品，这个过程比制造原始纤维所消耗的能量大约少80%。[32]对于那些使用传统机械方法回收的纤维（切碎织物，然后将纤维重新纺丝成新的纱线），这种能量的节约也是极为可观的。

如果根据其单独生产时的耗能情况来选择纤维原料，天然纤维的能量消耗通常比再生的纤维如黏胶或天丝纤维更低，而再生纤维又比合成纤维如聚酯和丙烯酸酯的能耗低（见下图）。[33]

右页图：澳大利亚的第一家碳中和企业Bird Textiles公司生产的洋红色裙子

碳足迹

二氧化碳作为服装可持续发展的关键指标，近年来随着对标准服装的碳足迹分析而受到更多关注。总部设在英国的碳信托基金会测量大号中性棉T恤的碳足迹为6.5kg。[35]团体制服品牌Cotton Roots在与碳信托组织的试点项目中声称他们已经将这一指标降低了90%，达到每件T恤的碳足迹约0.7kg。他们将发展中国家的传统耕作方式改变为有机耕作方式（利用手工采摘而不是能耗型机器采摘，并且避免使用石油基农药喷雾），通过利用风力和太阳能供能，最后经由伦敦的碳中和仓库进行分配。[36]虽然这些挽救措施在减少二氧化碳排放这一方面给人留下深刻的印象，但应当注意的是，我们不应当纠结于所采用的措施是专门地降低二氧化碳还是普遍地减少能源消耗这个问题。作为在服装领域可持续实践的代表性指标，碳足迹反映了单一

纤维耗能[34] **能量 （MJ/kg）**

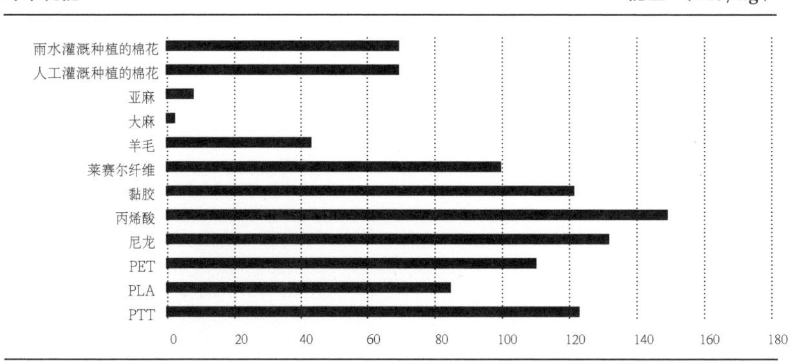

尺度测量下对环境的影响。而我们所面临的挑战是围绕着能源进行创新，并将其作为更好地理解可持续发展相关性的议题和影响的一种通路。

澳大利亚的第一家碳中和企业Bird Textiles公司开始“关闭电网”并使用可再生能源生产其服装和家居用品。[37]这意味着他们需要纯手工印花并且使用有脚踏板的缝纫机进行缝制工作，或者使用光伏电池和风力涡轮机供能。随着电力网中“绿色”电力的出现和普及，Bird Textiles公司的供能网络已经被扩大，这个网络涵盖了从公用事业公司购买绿色电力的供应商以及拥有自主能源供应的供应商。这种举措促使在能源使用以及碳排放中，传统技术和高科技被有效地融合了起来。

低耗水纤维

水在地表上下进行连续的周期性移动，但其总量是固定的。随着工业化的发展和人口的增长，我们对水这种有限资源的需求正在增加，而我们面临水资源匮乏的压力也在增大。根据环境规划署制作的数据，如果照目前的趋势发展下去，在未来20年，人类耗用的水量将比现在多40%。[38]然而，尽管人类对水的需求在不断增加，但由于污染情况的加剧，我们将面临着清洁水资源供应量不断减少的问题。这带来的后果是水资源缺乏的问题将很快成为世界各地的主要地缘政治问题。据教科文组织和世界经济论坛报道，我们正面临着“水资源破产”，这可能会比现在破坏全球经济稳定的金融危机更具全球影响力。[39]

水：时装领域的一个重要议题

水对纤维乃至整个时装行业来说都是重要的资源。然而，不同纤维种类以及不同生长地区的纤维，它们用水量的差别都非常之大。例如，全球50%的棉种植土地采用人工灌溉，这种做法非常普遍，并且具有显著成效。在水资源稀缺而昂贵的以色列，则使用高效率的灌溉设备在特定时间和需求的状态下将水输送给植物；然而在水资源成本较低的乌兹别克斯坦，过度灌溉则是常见现象。[40]除以上所述的情况之外，世界上其余50%的棉花作物是通过雨水灌溉，而波动的降雨周期则会导致纤维产量和质量的变化。由于世界水资源在一个封闭的系统（称为水文循环）中循环使用，因此水在棉花种植中的使用会影响到水资源的其他用途（如饮用水，食品作物灌溉或工业用水），同时肥料和农药对水的污染会使得这些水不再适合用作其他用途。棉花不是唯一需要大量水的纺织纤维，例如，每千克黏胶纤维的生产需要约500L的水。[41]相比之下，许多

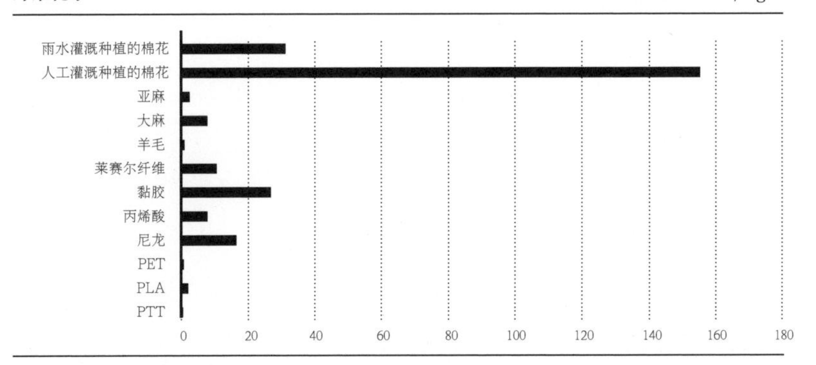

合成纤维（最著名的是聚酯）在生产中用水量相当小。而在降雨量高的地区生长的一些其他天然纤维，如羊毛、大麻和亚麻（胡麻）等也不需要通过人工进行灌溉（见上图）。

在纤维中减少水的使用将是未来时装领域必须面对的一项研究课题。水资源短缺将提高水资源成本，这使得水资源的保护成为可持续发展的重要议题。评论员们预测，水资源也将出现类似于石油峰值的情况（有时被称为“水资源峰值”），即从现在开始，水将变得越来越难以获取，越来越昂贵。水资源峰值对于依赖廉价和充足的水源来种植、生产、加工，以及洗涤的时装产业而言举足轻重。正如联合国教科文组织所指出的那样：“关于水资源的冲突可能发生在各个层面上。”在时装领域，这些冲突体现在微观和宏观两个层面，并且也通过在种植、加工和洗涤方面的个体决策反映了与生产国和地区水资源缺乏的矛盾。

可持续发展行动的先锋，美国户外运动服装品牌巴塔哥尼亚（Patagonia）已经采取了更广泛的实践行动，从产品的设计到配送交付，该品牌的可持续实践开始从少到多，不断增加。[43]该公司通过在线发布产品的“足迹”，从而使供应链透明化，而其发布的足迹中就包括水足迹。这项行动显示了制造业流程中存在的问题，也给了巴塔哥尼亚机会来展示他们对这些问题的回应。不

巴塔哥尼亚的Nano Puff套头棉服水足迹：从原料到销售共使用69L水

同服装耗水量的差别很大，例如，棉和天丝混纺女装的制作需要消耗的水多达379L，而男士尼龙防水外套为206L，聚酯羊毛衫为135L。然而，在这里似乎有一个需要权衡的关系：那就是生产中使用相对少量水的产品通常是能源密集型的，这样的关系再次加强了人们对这些问题的关注。有趣的是，在巴塔哥尼亚所有的用水评估中，棉混纺T恤衫这些我们生活中最常见的服装是最耗水的。这表明了我们过去对某些消耗资源的纤维或服装的认知是浅显的。同时也提示了未来我们在时装业进行可持续发展时所面临的严峻挑战：那些我们最常用和日常消费最普遍的服装品类是最耗水的。

捕食者友好纤维

“在荒野中，生态性的行为被视作一种简单以及无可替代的方式。许多人在荒野中都有种欣喜若狂的体会。在离开荒野时，我们的思想也因此而变化……野性能激励我们学会接受大自然的恩赐去生活而不是破坏。”

——欧内斯特·卡伦巴赫（Ernest Callenbach）[44]

虽然有机农作的方式在帮助设计人员将面料选择与土地耕种以及农村经济发展相结合方面取得了较大的成功，但对于保持农场与周边大面积未开垦土地间的关系仍缺乏充分的解释。正如弗雷德·柯申米恩（Fred Kirschenmiann）推荐的丹·勒姆夫（Dan Imhoff）所著的《野外耕种》一书中所说，有机农场仍然是孤立的“原始生产区”。[45] 但是，人类对土地的利用破坏了农场之外的生态环境，土地被人类分割用作居住、工业生产或农业生产，从而侵占了其他物种的迁移路线和领土。这种影响对于诸如狼、山狮和熊这些需要自由地在荒野中漫步、狩猎和繁殖的大型食肉动物来说尤为严峻。[46]

虽然大型捕食者和我们的纤维选择之间的联系看起来可能很薄弱，但是捕食者实际上直接关系到最常见的纤维之一——羊毛。美国国家农业统计局（NASS）报告称，每年有4500万只羔羊和绵羊成为捕食者口下的受害者。[47]就像传统棉农通过在他们的土地上使用化学农药灭杀害虫从而保护纤维作物，却不考虑这种做法会使得更广阔的生态环境变得不平衡一样。绵羊牧场主也针对捕食者来保护自己的绵羊，而不考虑对其他方面的影响，因此他们大肆猎杀这些大型捕食者。实际上，随着人口的增加和资源的减少，人类与包括大型捕食者在内的其他物种之间的土地竞争将不可避免地被激化。举例来说，相关报告表明：每年

“十三英里”牧场的骆驼守卫用于保护绵羊免受大型捕食者攻击

有8万只土狼被农业部野生动物管理局杀害，总成本为1 000万美元。[48]

近年来，在环保人士和联邦恢复机构的共同努力下，北洛矶山脉等地区的狼群已经受到了保护。虽然人们已经广泛认识到在野生区域重建捕食者物种对区域生态环境中的生物多样性有利，但在控制和检查牧场羊群数量时，因捕食者而损失绵羊的报告居高不下，这造成牧场的财政出现难以维持的状态。因此，在支持狼群存在的拥护者与牧场主之间不可避免地产生了一场颇具争议的斗争。这场斗争的争议性在于：一方面，因食肉动物而造成的羊群损失明显降低了商业收入，牧场主采取行动保护他们微薄的收入是可以理解的。但猎杀行为又会造成生态失衡等问题。事实上，对羊群养殖者造成经济压力的情况很复杂，纤维商品价格低廉的一部分原因是新西兰、澳大利亚等强大的羊毛生产国的市场竞争，以及聚酯等合成纤维的竞争，而肉类行业则包括猪肉、牛肉和家禽与羊肉之间的竞争。

纤维生长区与周边生态系统的整合

认识到这些问题和其他问题的复杂性，一场全国性的运动已在美国开展，这项运动旨在整合农牧业并更深入地整合其周围的生态系统。该项工作涉及区域合作管理，也就是将耕地与国家公园以及私营区域联系起来，建立野生动物通道，从而扩大大型捕食者的栖息地，更好地确保动物之间的联系和遗传多样性。此外，这项工作还包括建立动物栖息地，使野生动物能够进入牧场，更好地将耕地与周围的荒地相结合等方面。当然与这些努力相匹配的是："捕食者友好"的牧场主在不杀害捕食者的状态下努力保持牧场的经济活力。为此，他们选择了一些其他的方式来守护牧场，例如：农场主使用诸如电围栏或常规围栏等屏障使得牧场保持着一种良好的状态；在牧场中养殖如驴、看门犬，甚至是一些"精明"的牲畜来保护牧场。为了补偿这些牧场主的努力，政府也正在探讨可以抵消牧场主经济损失的鼓励措施。在营销方面，"捕食者友好"（Predator Friendly）认证现在已经可以产生小额保费，从而抵消了因野生动物而带来敏感的农牧业的经济风险。诸如此类的共同努力都在帮助牧场主和野生动物实现共存。

位于蒙大纳州，占地面积65万平方米的"十三英里农场"，其业主贝基·威德（Becky Weed）和大卫·泰勒（David Tyler）拥有这片土地的永久保护权。这种安排可以确保土地被永久保护从而免受发展（工业或经济发展）所带来的伤害。其他两个相邻的地产也受到类似的保护。他们一起形成了一个160万平方米的空间，连接并扩展了野生动物通道。[49]牧场周围的捕食者受到看门犬、护卫骆驼和电动栅栏的控制。羊的损失虽然高于捕食者被猎杀时的损失，但这对夫妇想出了一些创新性的方法来解决这个经济问题。他们不在拍卖会上卖羊肉，而是将有机牧草养殖的成品羊肉直接卖给消费者。他们不将羊毛纤维出售给商家，而是建立了极具商机的"捕食者友好型"羊毛纤维市场。他们还投资了一个小型羊毛纺织厂，并拓展了可以熟练使用国内针织机的当地女性的联系网络，现在通过这个网络已经能够提供"捕食者友好型"的纱线和成品毛衣，从而为其纤维增添附加价值。到目前为止，在牧场主和野生动物共存的状态下，这些共同的努力使他们能够赚取一份相当不错的牧场收入。自从他们第一次开始放牧以来，威德和泰勒的羊群已经从12只扩大到了250只，而且他们将放牧的面积也翻了一番。

第2章 过程

“我们的技术链越长，我们与自然的友好关系就会渐行渐远。”

——戴维·布劳尔（David Brower）

加工是由纤维到面料到时装过程中至关重要的一部分，它是可持续发展的关键环节。许多时装设计师会因为纺织加工技术的复杂性而无所适从，尽管他们也努力地去了解技术如何能使织物获得理想的外观效果和手感。可持续性议题则给这个复杂性增加了一个新层面。作为设计师，我们只是简单地阐述了我们的设计要求以及对制造商所提供的最新的产品的一个反馈，而将技术层面的决策——包括它们对河道、空气质量、土壤毒性，以及人类的生态健康的影响全部交给了纺织科学家。造成这种情况的原因，或许是因为纤维和织物加工技术让设计师们望而生畏，亦或是我们只是觉得自己在该领域的专业性不够。这种“知识上的胆怯”[50]拉大了知识间的距离，阻碍了我们应当承担的责任，使设计师这一角色在发展方案中被逐渐边缘化。在这种情况下，环境立法对设计师来说仍然是别人的问题。这使得政府干预和工业标准成为了引导革新并推动生态进程的基本手段，但设计却置身事外。然而，标准和干预往往是有惩罚性的，会给工业带来消极的反馈环，从而约束并限制了可持续发展的方式。相反地，设计是一种能够带来积极反馈环的有效方式。因为它在生产链中前置的位置能够极大地影响后续工序，甚至能够避免在上述内容中所提到的负面影响。

让工作更贴近自然

对于时尚和可持续发展而言，体现生态性最通常的方法就是尽可能使用未经漂白和染色的纤维和织物来体现自然特性，出乎意料的是，这种方式赢得了设计师的青睐，有更多的设计师投身其中，从而使我们更亲近自然。这种亲身体验提升了大家的意识，即用最直接和基本的方式来建立一个今后决策的评价模式。此外，当设计师们主动地参与到加工中技术方面的实践时，会激发技术人员的进一步思考，从而促使大家对加工技术中所产生的生态影响有了更广泛的认识。因此，我们的问题和目标被表达得越清楚，所面临的问题就会更快地受到重视并得到回应。既然设计师为加工业提供了市场，那么就可以成为加工技术全新发展的催化剂。正是这种创造性和科学性的共生，激发了可持续纺织发展进程中去拓展新领域的能力。技术和创新功能的融合开始将供应链从零散的碎片式的消极反馈环，转变为协助式具有广泛机遇的积极反馈环。技术人员

（或科学家）和设计师一起共同探讨加工进程，这将缩小我们与行业赖以生存的平衡自然体系之间的距离。

支持最优方法的基本原则

纺织服装加工过程中产生的可持续性影响会根据不同的纤维种类、织物规格，以及相关的服装设计而产生变化。然而，尽管由于加工过程的复杂会不可避免地产生一些影响，但仍有一些基本原则可以用于设计并优化生产实践。从环境角度出发，这个大致目标就是明确地提出在整个加工过程要使用最少的资源、产生最低的影响。有时，这可能意味着选择跳过某些处理过程，从而完全避免某一特定加工步骤所产生的生态影响。然而，不是所有的加工过程或化学后处理都能够避免，事实上，对于有些可穿戴性和特殊用途的服装产品则是必须有的。那么最优方法的基本原则如下：

目标	行动
• 合理使用自然资源	• 加工步骤数量最小化
• 降低污染风险	• 使用化学药品的毒性最小化、数量最小化
• 去除有害的过程	• 将多个加工过程结合，或采用低温加工
• 能量消耗最小化	• 去除耗水量大的加工过程
• 水资源消耗最小化	• 废物产生的最小化
• 减少负荷和废弃物	

在下文中，我们调查了一些生产加工步骤的相关资料，列出了最优实践方案，并探索设计中推进服装可持续发展进程的可能性。文中涉及到的这些内容是用来反映这一过程所造成的环境社会问题的范围及其带来的挑战，而不是去回顾加工过程所产生的影响。为了认识这些领域以及这些领域之外的创新方法，在制造链的特定环节中，我们发起了与资源、浪费、污染、工人相关的纤维织物，以及服装加工有关的挑战。这些挑战包括：织物的漂白和染色中产生的资源和环境问题（这两个环节都是典型的消耗大量水资源、能量，以及化学制品的加工过程，这也是环境监督工作的重中之重）；制板产生的废弃物；服装流水线上的劳动和工人权益之间错综复杂的挑战；服装硬件和裁剪所产生的影响。针对以上每点都有与之相关联的设计观点。

低化学品用量漂白

“不漂白、不染色”是20世纪90年代初期生态时尚的标语之一。它是受到了众所周知的抗议造纸行业用氯漂白这项运动的影响。氯基化合物，如次氯酸钠和亚氯酸钠，能够在废水中形成卤代有机化合物。这些化合物会在人类和野生动物体内累积，造成生理畸形并且致癌。[51]在时尚产业，漂白是纺织加工过程中的预备染色阶段，而这也是关键的一个阶段，需要生产出统一的白色织物并保证能够均匀且多次的染色。因此，漂白是实现可持续发展目标的重中之重。它可以保障织物被准确染色，并避免高度资源密集、有潜在污染倾向的返工——即拆除、细微的调整等。同时，漂白也影响着服装的使用寿命：一件由于不适当的预处理而未经良好染色的服装，可能会在洗涤过程中很快褪色并被丢弃。从资源消耗和产生污染的角度来看，漂白的“价值”与穿着者所控制的视觉吸引力以及服装的耐用性是等同的。

氯的替代品

氯已经有20年左右没有被普遍应用于纺织加工中了。[52]如今在欧盟和美国，大部分的纺织设备运用过氧化氢对织物进行染色预处理。过氧化氢是一种现成而经济的漂白药剂，但它只有在温度高于60℃（140℉）时才会产生反应，这就相应地导致了漂白过程的能源消耗。此外，在漂白过程中，需要包括螯合剂在内的化学添加剂来稳定过氧化氢，使得该过程达到最优效果。这些螯合剂如果未经处理流入废水中，会造成重度污染。另一个新的漂白制剂的选择是臭氧，它在使用时不需要任何水。据称，在一些诸如牛仔染整等需要深度加工的产品中，这项技术可以比一般情况节省多达80%的化学品使用量。[53]然而，臭氧相对昂贵，设备也没有被广泛普及。虽然使用替换品的漂白方式可能更为昂贵，但减少的废水净化开支可以与前期投入相抵。下一步，我们将多个步骤整合成一个，从而节约费用，并且消除中间洗涤造成的能量和水资源的消耗。[54]

酶工程学

随着可用漂白剂和漂白系统之间明显的平衡和取舍，酶染技术得到了高度重视。酶是一种能够催化特定反应的蛋白质，并且被应用于纺织工业中的加工环节已经有一段时间了。这些环节包括分离组织纤维、织物表面的生物抛光，以及废水净化。酶在应用时使用量小，并且在一个非常小范围的条件下进行反应。因此相对来说，我们可以十分容易地通过改变pH值或者温度来控制它的反

乐斯菲斯（The North Face）的衬衫和裤子是在一家有蓝色标志认证的工厂里加工的

应。在漂白过程中，过氧化物酶可以被应用于漂白过程的终止，它相对于一般的还原剂来说有着较低的污染指数。然而，全球有机纺织品标准（GOTS）禁止使用酶处理，因为它是基因改造的产物。基因改造对酶这样的加工技术和像棉花这样的农作物有着长期的影响，在它被完全接受前，必须经受进一步的公众监督。

这些新的加工方式为可持续发展作出的贡献，远超出将一种化学药品用另一种更为良性的替代品取代所做出的贡献。他们将供应链的各个环节连接在一起，要求纺织过程中的每个阶段之间的合作，并为“集体智慧”搭建平台。设计师不必独立于这种新的工作方式之外，因为我们的色彩理论知识可以帮助我们将色调和颜色组合调整为相对于过氧化氢漂白来说更为柔和的白色。我们对于消费者需求的了解能帮助我们把较昂贵的臭氧漂白产品定位为目标，这是因为臭氧漂白的产品具有更好的视觉效果和零售价格弹性。也许，我们甚至可以通过集体推广一种新的“高科技白”T恤来帮助加快像臭氧这样新技术的产业整合。从而将无处不在的白T恤重新注入到可持续性的发展宏图之中。

加工过程的标准和认证

在过去的几十年里，一些“生态纺织品”的标准已经被制定出来。这些标准确保了一定程度的环境和社会质量，也为可持续发展做出了切实的努力。而且，当达到一定的水平时，它们也能促进创新和新技术的发展。然而，标准可以很容易地被用来驱动“排他性”，并有效地阻止市场准入。当标准这样使用时，就产生了利基产业，而那些积累的生态收益也被损失掉了。因此综合性、创新性与实用主义以及可量化的“平衡点”是当下颇具争议的焦点，要求整个行业保持一致性并逐步改善。近年来，第三方评估员已经开始详细研究这一领域，其中一些研究人员分析并评估了供应链中的加工措施和优化方案。

诸如一个第三方评估者——即蓝色标志，[55]已经制定了一个基于五项原则的标准。这五项原则包括：生产力资源、消费者安全、气体排放、水排放、职业安全与健康。这个标准旨在解决整个纺织制造链的环境和健康安全问题，使用一种可靠的方法来记录设备当前的活动并追踪进展。通过已经建立的筛选程序，该组织能够查看纺织厂所有的化学原料，并将它们分为三类。经过筛选的原材料被贴上蓝色标签并有效利用。那些具有中度影响且被认为略逊于“最优可行技术”的原材料将被贴上灰色标签。那些不能被处理干净的原材料将被贴上黑色标签，在蓝标的标准下，这些贴有黑色标签的原材料是被禁止使用的。[56]在漂白剂中，氯是被禁止使用的，过氧化氢是被允许使用的，酶被认为是最佳可行技术并被允许使用。同时，由于臭氧设备在工业中不容易获得，所以它并不符合蓝标标准的要求。

然而，即使第三方评估者在处理过程中承担了技术决策的重担，但供应商和零售商之间的关系仍然是关键。正如蓝色标准所认为的，供应商和零售商之间进行持续对话才能确保长期的优化转变。[57]此外，设计师如果积极主动并思考关于“时尚应该是什么”的问题，在优化方案持续改进中则更具价值。蓝色标志的标准和方法近来已开始在整个行业推广，它被广泛地使用且产生了较好的成效。同时，也引发了人们对如何确保标准与时俱进的广泛讨论。这种方式建立了一个可以跨越时尚产业各环节的开展积极竞赛与合作的网络。目前，有许多品牌已经签约使用蓝色标准认证流程。乐斯菲斯（The North Face）就是其中之一，他们的产品正是由蓝标认证的设施所开发的织物制成的。

低化学品用量染色

颜色是服装产品中最重要的因素之一，也是短期时尚潮流的主要焦点，因为它能以最快速、最便宜、最可靠的方式来改变服装外观并吸引顾客，从而增加销售量。

有许多因素影响着某一特定颜色选择的可持续性。这些因素包括：纤维类型、染料、化学助剂、应用方法、机器的类型和寿命、水的硬度等。最终，依旧是大自然决定了我们选择的颜色必须是“可持续的”。因为自然既提供了工厂使用的资源，同时也处理了工厂的排放物。了解自然水循环的耐受性、承载力，以及其与工业应用（如染色）之间的关系，有助于我们为染色工作的各项决定寻找一块试金石。据估计，全球的纺织业每年要消耗378亿L水。[58]地表水可能会因降雨而恢复，而地下水层一旦被耗尽则需要成百上千年才能够被恢复。如果水是从土壤最里层的“骨化”含水层中被抽取出来，那么这些水资源是不可再生的。[59]在印染工坊的“集水区”，由于纺织工业用水以及加工产生的废物对当地水体的污染，使得无法给其他物种提供新鲜水源，同时对整个地区的生态多样性和稳定性造成严重伤害。接下来，将聚焦染色并对其可持续性进行观察分析。

染浴生态学

在过去10年中，人们很少会考虑到某一类颜色的染料对环境产生的影响，除了青绿色、亮蓝色和凯利绿色这类颜色。这些颜色的染色为了实现商业所需的色牢度，需要使用铜这种重金属，因此就会产生有毒废水。大部分较暗的颜色都有着较低的上染率。[60]上染率之所以至关重要，是因为上染率越高，染料浴中残留的染料越少，染料废水排放的染料浓度就越低，那么污染的风险也就越低。

在传统染色系统中，最常见的纤维素纤维（如棉花等）染料是活性染料，它有着较低的上染率——大约65%，其余35%的染料在染色后会被冲洗掉。染色技术和染料化学的发展减少了这些低效染色的情况。新开发出的双功能活性染剂对布料的上染率高达95%。在染浴中，除了要使用染色化学品之外，还需要使用辅助化学制品，这些都增加了污染的风险。举例来说，用活性染料对纤维素纤维进行染色时，为了实现更高的上染率，需要使用大量的盐作为助染剂。当用分散性染料对聚酯纤维进行染色时，需要使用的助染剂包括分散剂和载体。而现在，低盐活性染料已经可以应用于棉花染色。一些聚酯纤维的染色系统（如超临界二氧化碳）就减少了染色对载体的需求。但与之相应的是，它们需要更高的温度条件和更多的能源，所以还尚未被广泛使用。[61]

由于化学制品和添加剂是应用于溶液中的，它们的用量需要根据水的用量和待染材料的质量来进行计算。用水量与材料量的比值被称为浴比，其大小取决于所使用的染色设备。虽然行业标准是12：1，一些设备需要浴比高达20：1，而最节水的系统浴比只有5：1。[62]低浴比技术的使用减少了水资源的使用量以及染色后产生的潜在有毒废物的体量。较低的浴比也降低了加热燃料浴的能源消耗（因为水的体积更少），同时二氧化碳排放导致的气候变化和水资源短缺等问题也得到了缓解。另一些染色系统（如冷轧堆染色）只需在室温下操作，无需加热。

染坊生态学

尽管对染料和辅助化学物质的仔细选择可以减缓染色过程中的输入和输出，但染色过程本身仍然是一个线性的系统：从资源的输入、使用到处理。相比之下，对染浴进行再利用和调整（在染色周期结束时添加化学物质用于更新染料浴）可以在染色质量受到影响之前循环使用6次。[63]在大多数设施中，湿整理这一过程是复杂的。它随时都要处理各种各样的色调、染料类型和纤维类型，因此重复使用染料浴的次数是有限的。不过，对于那些重复进行相同染色操作的工厂（如牛仔布、卡其布、针织物或制服），染色水的再利用相对简单。在这类染色过程中，不相容的染料和化学物质不会被混合。目前，人们正在研究开发一种可以在多种纤维类型上使用的“通用”染料，从而简化湿处理过程和一系列设施中染浴的再利用。与此同时，探寻这些染浴的再利用系统，用它们来进行批量化的同类面料的颜色或色调设计，有助于该技术在工业中的推广。

区域生态学

将焦点从染料转移到染浴到染坊，极大地拓宽了染色布料的可持续性设计视角。但是，织物染色的过程既得益于自然又受制于自然，这一点从染坊所处的位置就能清晰地看到。因为，这是工业系统和自然系统最直接的接口。全区域零废物的纺织系统有着调节工业染色和生态系统的最大潜力。据报道，它可以减少80%～90%的用水量。[64]不仅个别的设施可以使用标准的水净化处理（如絮凝和生物降解）作业，区域范围的协作也可以通过超滤、纳滤和反渗透（从废水中除去盐）等先进系统来论证这些行动。这些经济费用通常是由私人企业和地方政府共同承担的。通过这种方式，处理过的水在一个零污染排放的循环中被回收到工坊。尽管这种复杂的处理方式已经超出了时装设计师所能做的，但是这种意识对于未来技术的发展和市场转变有着积极正面的影响。

如今，“低影响染色”为设计师提出了魔方式的考量参数。其中一些复杂的选择在塔斯卡洛拉纱线公司（Tuscarora Yarns）生产的低化学棉纱产品中显而易见，其染色过程采用阳离子化学制剂进行预处理。[65]这种方法使棉纱变得更具活性，更容易上色。纱线被预加工成不同的等级，编织成条纹，然后在一个简单的成衣染色系统中将其染色，使其产生复杂的表面效果。当和活性物质

由塔斯卡洛拉纱线公司生产的“阳离子改性棉”制作的T恤

一起染色时，阳离子的预处理完全不需要盐的辅助。据报道，这比在未经处理的棉花上用活性染料染色所需的能量要少50%。染色时间的减少、固色率的增加，以及废水的减少使得这些能源被节约下来。然而，阳离子媒介通常具有中度毒性，并带有中度污染风险。在后续处理过程中，需要根据它们产生的积极效应进行合理取舍。最好的方法是，将阳离子化处理方法合并成一种一步到位的方法，进一步减少资源的使用。[66]除了减少材料和能源的使用外，阳离子化还减少了多种色纱的库存压力。在生产出特定颜色的订单之前，纱线仍保持在本色状态，服装染色加工过程也能快速调整，从而大大减小了库存压力。这一技术说明了在客户期望、技术知识和可持续发展目标的基础上，对行业的深入了解可能会推动创新。

无染上色

色彩是最具视觉冲击力、最重要的时尚元素之一。每一季，设计师都会从一个新灵感出发，并从中延伸出色板，同时考虑色调及其细微变化来平衡印花和色织的比例。为了在无染的织物或服装中获得颜色，人们会进行更多创造性的探索。长期来看，选择本身就带有颜色的纤维比进行较为环保的染色所作出的贡献要大得多。通过选择那些有天然色彩的纤维，促使我们更多地关注种植业和畜牧业，并把他们重新与我们联系在一起。因此，这一类设计以当前的设计能力是比较容易完成的，同时，供应链的每一个环节都提供了创新机遇并将穿戴者与自然系统连接起来。

区域色彩多样性

为了提供统一的合成染色范围，纺织工业弱化了纤维的所有独特性质，这样做也抹去了其特定的背景，从而有助于营造商业服装的大众审美以及我们与服装的关系。与之相反，天然纤维色彩是一个定位仪，就像一瓶好酒的酿制一般，天然纤维色彩会受当地土壤和水中自然产生的矿物质的影响，甚至是动物的饮食（蛋白质纤维）所造成的影响，而且纤维的天然色彩也反映了某一特定年份或季节的气候。例如，亚麻那种较暗的天然色调，是其在生长过程中的降雨和其他额外的水分所导致的。就像一个训练有素的设计师能够通过一个衣领的特定形状或细微差别辨别出它所参考的历史时期及其出现的时代，随着时间的推移，眼睛也会对天然色彩的微妙变化更加熟悉。天然色彩使我们与当地的经济和地域更加紧密地联系在一起。

Ardalanish是一家位于苏格兰高地的纺织品制造商，专门制作花呢面料，其面料具有独特的地域特色。羊毛的来源是当地的羊种（赫布里底羊、设得兰羊、马恩岛羊），这些纤维都是由苏格兰高地和岛屿上的一些农场提供的。像纤维分类、分级、纺纱和织布等大部分的加工都在当地进行，为周围的社区提供了工作。并且，由公司支持的编织学徒计划为下一代人提供了工作机会，从而让他们在过上体面生活的同时延续当地的纺织传统。使用基本上没有被污染过的羊毛，偶尔添加一些茜草和菘蓝，Ardalanish赋予了织物精妙美丽的图案与色调。颜色范围从黑色、炭褐色、浅黄褐色、银灰色到奶油白色，十分丰富。

时装设计师埃洛伊丝·格雷（Eloise Grey）在她的服装系列中使用了Ardalanish面料，同时，她也注意到了天然色彩对她的客户来说最具吸引力。由于每一种颜色都由数百种自然色调组成，格雷发现，它们比人工染色纤维所提供的普通中性色更能衬托人们的肤色，人们会认为这件衣服的感觉与其他衣服大不相同。特别是对老年人来说，触摸这种面料会勾起它们对粗花呢的记忆。正是这些触觉和视觉上的特性，而不是环保证书和布料产地，使得格雷的服装更具魅力。这说明可持续美学可以实现一种普遍的共鸣。这就不需要我们那么大张旗鼓地去推广一个工业产品中穿着者所看不见的这种“绿色”的好处，来证明它的价值。

埃洛伊丝·格雷设计的自然色羊毛大衣。

由萨沙·杜尔公司（Sasha Duerr）自然染色的纱线。颜色是由食品废弃物制成，包括洋葱皮、鳄梨皮、胡萝卜缨、咖啡渣、黑莓、姜黄等，不需要任何有毒的媒染剂

天然染色

由于天然染料的原材料供应的局限性，以及一定的重复性和可扩展性的问题，因此常受到产业界的批评。长期以来，色牢度一直是一个备受人们关注的热点，尤其是纤维素纤维染色的色牢度。但是对于许多天然染料来说，业界的批评意见往往会忽略色牢度这个问题，因为他们使用天然染料的目的往往不是为了使其符合自我设定的行业标准。但是首先最为重要的是，在自然的限定下从事相关工作，我们的创造性与实践要与之相适应。依据季节来计划可获得的材料，使用残余物或落叶作为色彩来源，体会不均匀染色的变化和特征，这些都挑战着我们当下的色彩认知。这些天然染料从业者的探索与土地有着更深层次的联系，也通常与团体意识紧密相连。它们是“慢”运动的一部分（见128页），拒绝扩大规模和加速，拒绝被“包装”成行业标准。实际上，他们是有意为现有的工业模式提供一种补充。

不断变化的天然染料文化景观

天然染料在面向大众的纺织工业中出现过，但几十年来几乎没有得到重视。不过，随着人们对可持续性的兴趣越来越高，新的革新技术正在被应用，工业和手工业之间、天然染料和人造染料之间的界限也开始模糊起来。我们要求作物获得更高的产量，每棵植物获得更多的产出，这表示着以人类为中心的工业目标再一次被强加到自然上。天然染料的新技术开发的接受与否，需要我们认真来评估它们包含“自然性”在内所有方法的可持续性。下列问题说明了我们在审查新的染料技术时可能需要考虑的一些情况：

- 是否有施色的新技术？
- 如果有的话，该技术改进了哪些指标？
- 这些技术中，水、能源和化学品在栽培、处理等具体操作过程中是如何使用的？
- 它们是否会加速或减缓自然资源流入工业？
- 它们会减缓或阻止工业或生物废物流入自然系统吗？
- 它们会将流动转变为循环吗？
- 谁会因它们受益？
- 这些是在自然系统的范围之内还是超出范围？
- 会有无法预见的后果吗？
- 目前可识别的风险是否可逆？

萨沙·杜尔（Sasha Duerr）的作品中体现了一种对色彩的慢纺织方法。杜尔与植物的生命周期、季节可用性和色彩潜力直接接触，她在周边环境中寻找染色材料，并直接使用植物而不是提取物。杜尔保留了一份关于哪些植物可用，且何时可用的日历表，并根据它来计划项目和委托任务，以确保项目能够完成。这就像一个有机厨师根据当地和季节性的食物来制定菜单一样。

裁剪和缝制浪费的最小化

时装设计师以多种方式来进行设计实践。一些人用三维的方法设计出最初的原型，用立体裁剪方法完成最终作品。另一些人的设计都采用平面裁剪，并且能够通过纸样来预测最终服装的轮廓和细节。在工业中，设计和开发系统是为了工业的“效率”和生产最大化而建立的。因此，为大中型公司工作的设计师基本上是以草图形式进行创作，以具体说明的形式交付给制板人员，制板师会制作出样衣。在每一季都需要设计和开发出大量的风格样式，设计师们几乎没有时间来关注造型以外的问题。面料的使用由技术团队负责，但技术人员很少为减少浪费而对设计提出修改意见，因为这会侵犯到设计的专业性和设计师的自我意识。所以，通常最后的裁剪排版是由计算机辅助设计（CAD）来完成，这在时装产业已经很普及了。

正如服装零浪费先锋蒂莫·里萨宁（Timo Rissanen）所指出的，在大多数情况下，这些系统可以减少多达10%～20%的裁剪浪费。[67]虽然这个数量看起来微不足道，但这些废料不仅仅是我们看到的裁剪方法的问题。

右页上图：萨姆·福诺的无废料夹克，使纸样在布局上的负空间（每片纸样之间的空间）排列

右页下图：低到无废料的夹克纸样排版

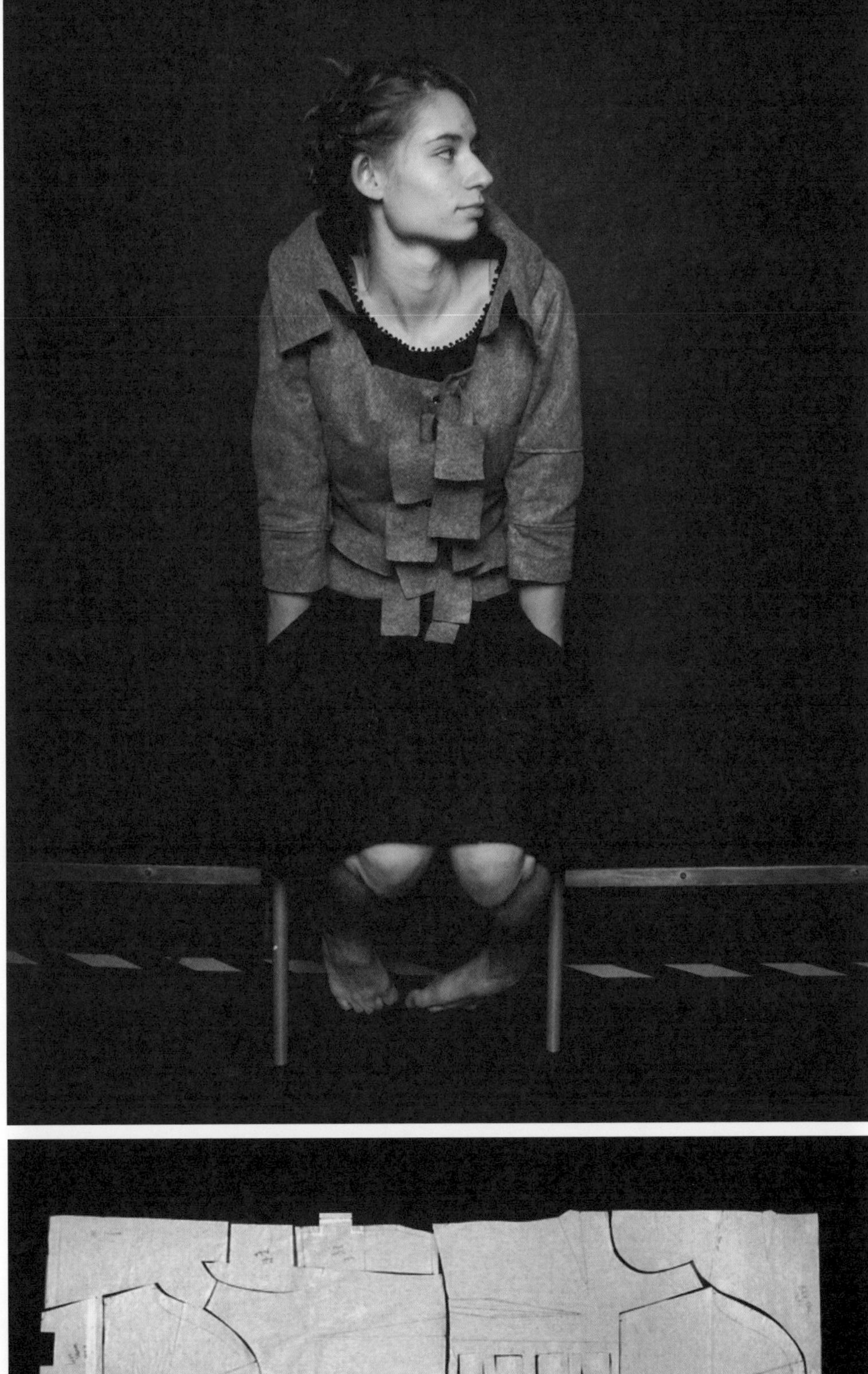

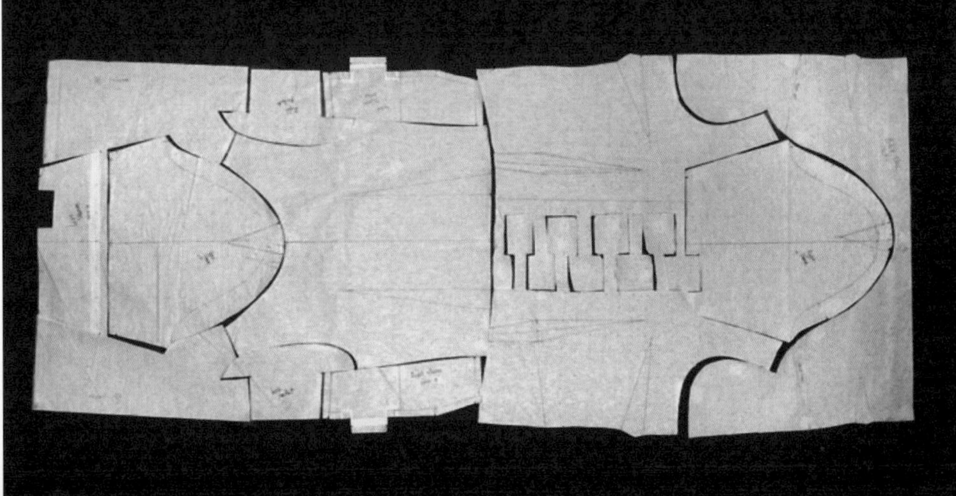

上图：蒂莫·里萨宁使用零废物纸样裁剪技术设计的耐久衬衣

下图：耐久衬衣版型布局

右页图：MATERI-ALBY-PRODUCT品牌的裙装，利用了新颖的裁剪、制作，以及面料拼合系统

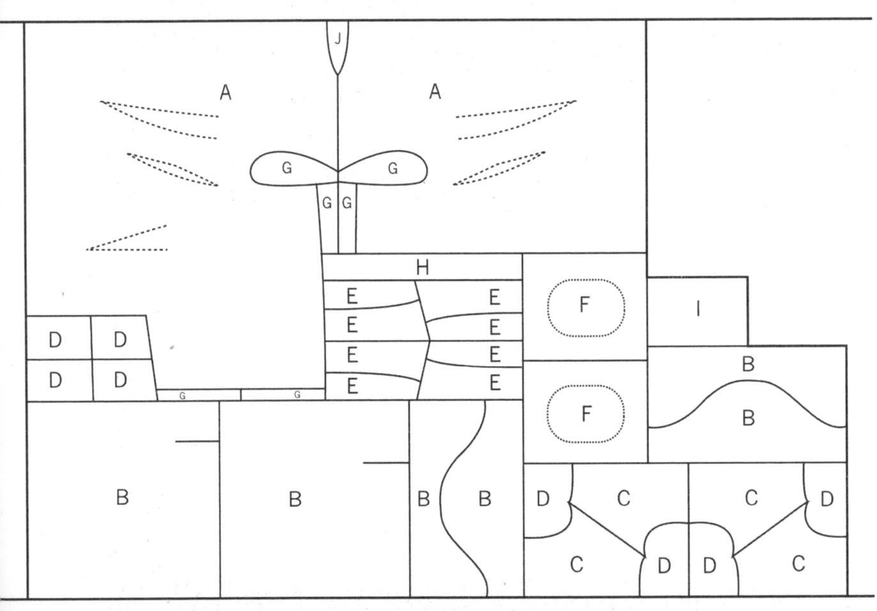

A：衣身

B：袖子（包括大袖里）

C：育克

D：袖口

E：领子和领座

F：肘部贴片

G：袖衩

H：内腰衬

I：内背褶衬

J：后育克贴布

实际上，它们包含了工业过程中“被隐藏的历史”，包括开采、转移、提炼、挖掘、废弃、抽取，以及处理数十亿公斤的自然资源，而这些都是为了生产和运送那些注定要废弃的裁床余料。[68]此外，CAD系统的效用受到其编程原始逻辑的限制：在现有的工业纸样裁剪系统的设定参数内，CAD程序能够提高效率，但它们没有容纳服装新概念的能力。因此，它们可能会扼杀将要出现的、减少浪费并符合新美学的变革。此外，任何CAD系统实现的裁剪节约在最终的成衣中都是看不见的，所以设计师和穿着者都没有意识到这种方法所带来的资源节约及其对生态的积极影响。可持续性的发展仍然受工业供应链中抽象计算数据的限制。

减少废弃物的新概念

近年来，一些针对剪裁废料的可持续性设计理念层出不穷，从利用小块废布拼接成衣服到将它们回收，还原为新的纱线，这些处理方法各式各样。这些方法有助于减少时装行业中的浪费，非常有发展前景。新兴的设计理念可以通过开发新的服装构成方法来进一步提升。这些工艺技术让我们看到了，在可持续发展环境下设计师的技能和实践能力是改变的保障和驱动力。技术或许可以为我们提供新的工具，但只有创造性的设计思维才能指导这种工具的有效使用。设计师的创造力和突破性的想象力不仅能改变我们创造事物的方式，还能改变我们的思维方式。

萨姆·福诺（Sam Forno）的无废料夹克融合了设计和制板的过程，使纸样在布局上实现了负空间（每片纸样之间的空间）排列。这一过程产生了一种独特的美学。在这种美学中，紧密交错的纸样之间形成了设计的线条，并改变了前中心线的开合模式，将一件夹克使用布料的数量至少减小了25%。在这里，设计师不是将一种预先设计好的服装及其纸样强加于布料上，而是协调着这些纸样，并不断地完善这种排列方式，正如萨姆所说：“是夹克设计了其本身。”

蒂莫·里萨宁（Timo Rissanen）运用了他所描述的“拼图游戏”的设计和裁剪方法，重塑纸样的形状和大小，使它们能够与彼此邻接。通常因裁剪而浪费掉的面料将成为构成服装整体所必须的一部分，因此，他的平面裁剪和最终的服装产生了细微的变化。这种方法在不增加成本的前提下，提高了服装材料的使用率。里萨宁将他的工作描述为：根据指定长度的面料，用平面的方式对服装裁片进行设计，同时用立体方式构思服装造型。[69]

澳大利亚时装设计公司MATERIALBYPRODUCT的作品采用了一种新颖的裁剪、制作和布料使用方法，使用了一种既利用纸样正负空间，又采用“剪刀式切割”的方式来创作服装。[70]该公司开发出一种独特的排版方案，使用等级线和尺寸线划分服装整体的形貌和表面图案。使用垂直折叠取代分割线，给予服装一种新的廓型，整块面料得到很好的利用。该公司每一件服装都是由手工测量和制作的，使用了标志性的缎带捆系，以形成一种束腰效果。

裁剪缝制过程中的劳动力公平公正问题

工作的内容是什么？

它的利益主体是什么？

它做得如何以及目的是什么？

在哪个公司完成？

它会持续多久？

——温德·贝里（Wende Berry）

在过去的两个世纪里，纺织和服装供应的工业化引导了许多国家走向了经济独立，包括英国、美国和日本等多个国家。这种与贸易全球化相结合的创新形式对经济的增长和发展至关重要。诸如时装和纺织品等劳动密集型产业，能够行之有效地帮助人们摆脱贫困，特别是为女性带来收入。[71]虽然它们为那些在低报酬岗位上工作的人带来了大量的机遇，但同时也带来了巨大的威胁。尤其是在纺织和服装行业的裁剪、缝制和配件（CMT）部门，其庞大的规模和权力交易系统可以轻易地越过个体。这些地方通常会雇佣16~25岁、来自农村的女性，她们没有维护自身权利的意识，也没有勇气站出来说话，因此很容易被利用。[72]尽管富裕国家消费者的消费能够为他们提供“基本生活工资”的就业岗位，但仅凭市场是无法保证工人福利的。

当前全球纺织业普遍存在滥用工人现象。在过去的40年里时装产业的发展尤为不稳定，由于发达国家劳动力成本的提升，服装公司将它们的生产加工从工业化的国家转移到海外那些低工资的国家，造成了一个极其复杂（在几十个国家中分布着数百个加工企业）的供应链。因此，工人福利的大部分责任落到了供应商身上，并不会直接影响到品牌。相关的追踪和监控很容易因为腐败而被操控，也极有可能为人权滥用提供了可乘之机，因为对于这些我们看不到，无从知晓也无法监控。

非政府组织和劳工运动的作用

正如18世纪英国的“黑暗撒旦工厂”中工人的贫困状况引发了全球劳工运动，如今，对纺织业侵犯人权现象的披露让主流社会带来了积极的转变。20世纪90年代初以来，非政府组织和公共利益集团通过媒体，使用点名批评的手段来提升供应链的透明度和服装品牌的责任感。[73]国际乐施会（牛津饥荒救济委员会）、净衣运动组织及其他非政府组织，这些起带头作用的消费者抵制行动一直是推动行业行为准则发展的重要因素，这在现代服装企业中是屡见不鲜的。[74]然而，这些做法只是针对侵犯劳工权益的一部分解决办法。尽管国际劳工组织（ILO）的目标是消除雇佣童工现象，但在时装业中，违规行为仍然是普遍存在的，尤其是在分包商和家庭工厂中。通常工厂为了确保审查通过，会采用2本或3本的账本。[75]

即使是最负责任的公司也可能工作环境不太理想，因为，要求支付工人更高报酬的社会责任部门，与要求产品价格更低的生产部门之间仍存在着极为紧张的关系。[76]而设计师实际上也有责任，他们在既定的目标价格下精心设计服装样式，迫使工厂老板接受紧缩的利润。而后期的生产审批则缩紧了工厂的生产时间，以便按时交货。这些压力都转嫁给了工人，让工人维持更快、更长时间的工作，却只能拿到更少的工资。同时也慢慢地损坏了非政府组织为保护工人权益所做出的努力。H&M是行业内公认的最具企业社会责任的企业之一，但在2008年的报告称：他们73%的新供应商生产单位违反了每月的法定加班时间，49%的公司违反了加班补偿的法律规定。[77]

非政府组织与公司的合作关系

虽然非政府组织直接的行动和抵制行为是一种有效的策略，加强了与企业的接触。意想不到的是，私营企业和非政府组织之间的这种伙伴关系已经引导了多项标准正被写入法律，协调着整个行业，并推动了在工厂层面的有效改变。例如，一个无良的工厂老板可能会因为标准过高而拒绝一个道德品牌的要求，而更愿意与一个低要求的客户打交道。但如果多个品牌合作时，或许由非政府组织支持，采用同样的策略，他们的联合购买力就会使工厂老板遵循其要求。[78]此外，考虑到供应链的复杂性，个体公司每年只能对供应商工厂进行为数不多的几次实质性检查。但当从同一家工厂进行采购的品牌联合起来时，他们实际上可以扩大其驻厂存在感，在必要的基础上与当地非政府组织合作，进行补充检查。

尽管这些合作关系使得纺织工人的健康和安全得到了改善，但研究显示，服装行业工人的工资水平仍然很低。[79]在发展中国家，法律最低工资通常低于生存所需的工资，缝纫工们通常只会签订临时合同，或者根本没有合同，拖欠工资也是很常见的。[80]时装业的这些工作条件是全球化产业的一个缩影。国际乐施会（牛津饥荒救济委员会）的报告称，自20世纪70年代中期以来，有4亿人摆脱了贫困，但仍有11亿人每天的生活费不足1美元，直至80年代中期依旧是这样。[81]企业社会责任（CSR）的一个关键部分是，不仅要确保行为准则的实施和到位，经济收益也要合理分配给工人。现在，这一点正引导着服装行业公平贸易计划的发展，该计划针对的是服装整体而不仅仅是纤维（见23页关于公平贸易棉纤维）。美国公平贸易组织、美国公平贸易标签计划和国际公平贸易标签组织（FLO）正在测试一种服装加工的公平贸易方式，现在这种方式还未成熟。这个项目旨在建立一个可通过测试的企业社会责任协作和多方利益相关者合作的模型，从而改善劳动条件。与当地非政府组织合作，通过培训、申诉、监管来给予工厂支持。这个标准以农产品公平贸易的核心原则为基础，比如通过民主组织机构使工人在工作中有发言权，通过公平贸易的溢价为工人、家庭和团体带来经济和社会利益。

以公平公正的劳动条件为目标的设计策略

设计师可以在这些方面造势。例如，设计师应当进一步了解设计决策对供应链的速度和成本的影响，确保能够及时地决策，并提出创新的想法来增加低成本服装的价值，以减轻工人的经济压力，缓和供应商的利润率问题。采用非商品化的纤维做设计，不做零售价格缺乏弹性空间的产品种类，同样有助于给供应链带来更高的利润。但是，要确保这些额外的收入能够分配到工人手中，就需要除产品策略外的其他策略。选择公平贸易供应商或在综合性的本地公司工作，这样，员工条件就易于被观察、能够被监测，而选择与工匠和工人的合作社直接交易，会产生小规模生产结构，这就要求更多个体直接参与其中。我们稍后会对此进行详细探讨（见第112页）。

环保的服装辅料（五金和配件）

服装辅料可以增强我们的设计，并为服装整体带来不一样的视觉效果。配件只是一个产品中很小的一部分，也许正是因为它们非常小，所以常常被忽视。然而，由于配件推动了采矿业（拉链和纽扣的金属）和石油行业（塑料纽扣的原材料），因此配件对服装的生态性有显著的影响。这些相关的配件的生产可能会加剧全球变暖、土地退化、废气排放、水体污染，以及人类健康问题。配件对生态的影响不仅仅是在服装生命周期开始的时候，它们还会直接影响服装的寿命并阻碍服装最终的回收。例如，纽扣即使从衣服上掉下来也会存在很长一段时间，但纽扣可以通过相对简单的手法被缝合回去。而另一种配件拉链更容易被损坏，而且需要机器缝纫和特定的拉链才能够被替换。因此，与那些有着简单门襟的服装相比，拉链坏掉的服装更容易被丢弃。在服装生命周期的最后，大型纺织品回收工厂中，那些服装必须是已经除去配件的，这样才能进行高效回收。但由于配件的拆卸较为困难且需要大量劳动力，所以它们经常被留在服装上。也就是说，那些原本可以被回收制成新的纱线和面料的服装，却被送往了垃圾场或打包运往海外。

电镀

尽管配件已在设计师的可持续性发展的思考范围内，但它们的确还需要我们更多的关注。金属配件面临可持续性挑战的一个关键问题就是电镀。电镀是指用一种不易腐蚀的金属覆盖在另一种金属上。一般来说，这个过程包括将这些配件浸入含有金属盐溶液的容器中，将电流通过溶液，使金属离子沉积在配件上，并经过每个阶段严格的清洗，去除过量的化学品。同时，这个过程还会产生大量含有酸、碱、氰化物、金属、增白剂、清洁剂、油脂和污垢的水。这一过程产生的废水会破坏污水处理厂的生物活性，毒害水生物种。据初步估算，每生产3300个金属纽扣就会产生500g的有害沉淀物。这些沉淀物必须经过特殊的垃圾填埋才能被处理。[82]

电镀的替代物

有一些可以替代电镀的方法。包含铜、锌、镍、铁等金属的不易腐蚀的合金现在已经很容易得到，并且能够提供各种颜色来满足设计师的需求。每种金属都有特定的物理性质和外观。铜较为柔软，不易造型，容易出现划

李维 · 施特劳斯公司生产的未经电镀的不锈钢纽扣

痕或凹陷；J黄铜有着温暖的粉黄色光泽；H黄铜有着泛冷光的黄色调；752合金有温暖的银色基调；不锈钢是冷灰色的，且坚固而有弹力、抗弯曲但较脆。这些选择都提供了从源头消除浪费的方式，而不是在电镀之后再来清除污染物。

尽管对金属和合金在后续使用周期的审查（调查从提取到最终完成过程中所消耗的能量和资源）是有必要的。但非电镀的硬件迈出了第一步，使金属配件对生态的冲击大幅降低。在这种情况下，时装设计师的角色也需要转化，从单纯的审美设计到与多背景的专业人士，诸如工程师、冶金师和供应商合作，从而开发出平衡生态目标和商业需求的产品。

李维 · 施特劳斯公司在牛仔裤上所使用的不锈钢纽扣代表着设计师在美学或品质上毫不妥协的精神。如何满足大量的生产需求是其面临的最主要的挑战，每一个子母扣都是用一个标准的钣金件冲压出来的，这些工具已经被统一成标准的规格。因此，对于那些不常见的合金，如果不是来自市场（设计师们）的一致需求，在供应链中生产是无法实现的。所以，“最低要求”将反映每次生产纽扣的数量。全球有机纺织品标准已经认可非电镀金属硬件，这一选择似乎最终会成为行业实践的标准。与此同时，通过指定非电镀的配件，设计师能够促进公司之间的合作与交流，从而更好地确保各种合金的库存，使其能够及时完成快速周转和中小型订单。

第3章 分销

通过跟踪采购和生产服装及其零部件的运输路线，我们惊奇地发现世界地图上显示出大量相交的运输路线，并且每条线的碳排放量都可被计算。这些碳排放量可以通过各种方式抵消：包括将航空运输和公路运输转换为铁路运输和海上运输等更为优选的运输方式；用生物燃料替代石化燃料；用燃气或电力作为能源来替代煤碳。但研究表明，运输只占产品生命周期中碳的1%。[83]虽然这一数据似乎将可持续发展的设计重点转向其他具有更大影响的领域。但进一步的审查表明，分销包括几个具体专业细分，除了运输，还有材料采购、预测和生产管理。它们管理着分销系统内外材料的流量和数量，并提供了一些干预的机会。

在服装业人们通过计划零售销售额来确定材料数量和流量。面料厂选择、设备分配、配件的订购、工人的雇用和培训、生产系统的设计，这些都是根据销售预测来进行编排的。纤维被合成、压实和拉长；油被提取；金属从矿石中提取出来并用于衣物；自然中的水被转移并用于加工；煤炭被开采、燃烧，并用于生产电力。大量基础资源从地球的一部分流向另一部分，这些都在采购订单的驱使下流畅运作。

高效的分销和零售

以零售量预测制造量的做法存在一定的风险，而近年来，“精益零售”有效地规避了这种固有的风险，制造商现在必须一直保有大量库存，以确保满足快速补货的需求。高科技信息收集器，例如射频识别（RFID）标签，被放置在每个产品上。并且人们已经开发出了用来优化供应链中服装流动的分析系统。这些技术为生产者和零售商提供了数据，他们能借此跟踪、分析和重新调整材料库存，匹配产品销量，从而减少过多的产量和库存。[84]乍看之下，库存流量的优化可以为商业和环境实现双赢。虽然这些技术有效地“润滑”着分销系统，使得更多的商品更快地被推送给消费者，但这常常导致零售服装过季后就被丢弃，浪费仍然存在，它只是位于系统中的不同节点。事实上，正如期货分析、策略和情景规划专家哈丁·狄博思（Hardin Tibbs）所说，工业系统中材料的总流量每20年就会翻一番。[85]

事实上可以这样认为，RFID技术只是为了商业利益而优化货物流通，而且往往以牺牲可持续性为代价。RFID技术将贸易交易以抽象的形式进行表达：销售被简单地表示为数据用于分析；人类推动着物流的发展；我们设计、制造和销售的服装被看作是纯粹的计量单位，它们的价值完全依赖于产量。虽然分析方法和数据为我们提供了智能化手段，这无疑加强了我们对工业流动的认知，但它们几乎不能被处理，且削弱了我们与自然、社会和人文环境的联系。

管理供应链信息

将商业和自然社会之间的隔阂与不断提高的可持续意识结合起来，促使跟踪技术的发展，并重新连接供应链中的人员和地点。例如，由Historic Futures开发的一种名为线性技术（String technology）的软件工具，可以使公司能够在服装制造中的每个节点处整理和集中信息。供应商上传有关材料输入和制造服装的信息，向品牌提供特定的供应链数据，然后他们通过互联网界面选择性地向客户展示。公司提供的产品信息简短而有限。尽管如此，这种前所未有的透明化工具从根本上改变了供应链文化。事实上，当沃尔玛在2009年宣布将开放其供应链时，它通过仓储式商店行业这一形式产生了影响。透明意味着事物可以被看到并被监管，进而零售商将更容易被管理。因此，诸如线性技术的工具开始影响工业环境，而工业环境又控制着货物的流动。虽然这种透明化开始显示系统，但并没有改变它的本质。它们有助于将供应链转变为“价值”链，但它仍然是一个链条。面临的挑战是，我们不仅要改变产品和我们提供给客户和供应链的信息，还要重新确定供应的手段，即由链条到一个环，并将我们的工作从管理产品拓展到管理这个循环——即材料和创新。

碳补偿

在过去几十年中，全球变暖和油价上涨的威胁迫使包括时尚业在内的一系列行业做出反应。目前，人们已经开发了诸如碳（能源）足迹分析和生命周期评估（Life-cycle assessment，LCA）等工具来帮助公司获得从原材料供应到产品使用和处置的整个价值链的环境投入和产出，并找出浪费能源的源头，一旦收集的数据被“归一化”，它被用于优化能源使用策略并明确其所需的碳补偿量，以减少公司温室气体的排放，实现“碳中和”。

虽然LCAs能够提供对环境影响有效而全面的观点，但是在实践中难以建立和应用。LCAs需要实际的数据，而服装供应链结构无法提供及时且可获得的数据。在服装供应链中能源费用被行业视为管理费用的一部分，从来没有人专门计算每件衣服的碳数据。此外，由于零售商一般通过代理商购买服装，所以他们很难与提供数据的个体生产商进行交流。此外，公司供应链往往不稳定，这主要是为了适应市场需求的波动。最后，零售商没有时间或动机进行缓慢而仔细的数据收集，以进行碳计算。

碳测量的文化壁垒

如同可持续发展的诸多挑战一样，不仅需要科学性和数据做支撑，探寻碳足迹和碳补偿也具有文化属性。在大多数情况下，了解供应链中的生产者是一个重要的步骤。[86]具有低成本、快速投入市场的大型时尚公司尤其如此，这些公司的供应链是最有弹性的。具有较慢产品线的公司更可能与成熟的供应商建立长期的关系，也更容易受到影响。尽管如此，信息收集可能需要几个季度甚至几年才能完成。即使是可持续发展的倡导者户外公司巴塔哥尼亚，在2007年也仅向客户提供了五种服装的碳足迹信息。一旦其“Footprint Chronicles”小型网站启动，其他供应商就会被说服参与。目前，每六个月就可以增加3～5个产品的信息。

设计师习惯在设计时考虑面料的物理性质和功能，而我们期望能量也能被设计师纳入考虑范围内。但是没有针对织物和纤维的通用能量分布图。能源消耗是由生产和加工环境等复杂因素决定的，包括纤维的来源（见第16页），即其制造地点以及运输、工厂的能效、采用的染料工艺（见第39页）、织物的重量和颜色，甚至消费者对服装的保养（见第62页）。但是，简单地说，也许通过在选择布料用线时要求采集相应的碳足迹信息，可以促使供应商参与相关的数据收集。受流行趋势影响的快时尚商品具有不稳定和不可预测的特点，它们对碳计算的记录仍是一个挑战。减少能耗的替代设计策略，如闭环回收（见第19页）或适应性设计（见第78页）等应对方法被提出。所有这些策略都要求设计师从常规造型和市场需求的驱动中跳脱出来，并且使减少碳排放成为改变我们设计和生产服装的结果而不仅仅是目标。

服装和鞋类品牌Timberland已采取多层次的方法来解决其商业活动中二氧化碳排放的问题。该公司通过采购可再生能源，并利用其自有设施来提高能源的利用率，在2010年，该公司已达到其减少二氧化碳排放的目标。现在，为了解决供应链内部无法控制温室气体排放的问题，Timberland为设计团队提供了一个材料评级系统。通过这一评级系统，人们能在一开始就选择碳排放更少的材料，该策略将会对供应链的各个环节产生一定的影响。

运输系统和物流

“大多数时候，我们的生活都是在这些无形的系统中，也没有意识到这种人造生活是高度地依赖于所设计的那些基础设施。”

——布鲁斯·茂等（Bruce Mau et al）[87]

服装产业的规模化和全球化对交通工具的需求是巨大的，通过将世界不同地区的运输放置在一个复杂的网络系统中，将产品由纤维通过加工到成衣，最后再进行销售。如前所述，一些报告表明，交通运输只占产品碳足迹的1%，[88]但另一些报告表明，货物运输可占公司碳排放的55%。[89]两者之间的差异在于该报告研究的“范围”——前者考察的范围足够宽，而不仅仅是交通运输，在服装的整个生命周期中消费者行为和服装护理常常是能源消耗最多的。但是，当考察范围仅仅局限于公司活动时，运输和店内的能源消耗是最高的。因此，对于设计而言，要建立利益和制约的边界意识，通过信息反馈可以指导设计策略和行为，如果不了解变化的情况，可能会导致错误的行动。

可控参数的限制

减少能源使用最好的方式是通过收集指定公司供应链的信息来指导，但这需要许多供应商的合作，并从工厂环境、设备类型等各方面对这些数据进行比较。因此，能源消耗和相关的碳排放通常置于一个狭窄的范围内进行计算。零售商店和配送中心的能源使用、员工差旅的总里程和产品分销路线是典型的一线调查内容。例如，英国零售商Marks and Spencer进行了一项调查，发现空气动力学可占配送卡车燃料消耗的50%。这在很大程度上受到车辆的形状和轮廓的影响，这些可能导致阻力和湍流，降低车辆的燃料效率。该公司重新设计的卡车采用流线型的水滴外形，车顶造型为连续的全身曲线，与标准拖车相比，这种设计可将湍流和阻力减少约35%。除了将M＆S的总体燃料消耗削减10%之外，该设计还增加了卡车的货物装载能力，能多容纳16%的负载，从而能减少配送的次数。[90]

可再生燃料

使用可再生燃料是另一个易于被采纳的策略。随着一种新的生物柴油运输车队的出现，这项工作已经被完成。然而，这也要求将其应用于实践时考虑实际状况，因为可再生燃料本身不一定是性能良好的。虽然它们可以由快速生长或快速再生的农作物制造，且能比化石燃料在燃烧时更为环保，但是可再生能源与培养、提取和处理过程这个复杂系统相关，每一个部分对石油都有依赖。例如，如今被探索出来的可以作为液体生物燃料的主要原料是玉米，玉米是大型、生长密集的单一作物，因此需要大量的石油基肥料和农药。而且，将玉米精炼成燃料所需的大部分加工工序需要火力发电厂提供能源。据估计，一加仑的生物燃料需要2/3加仑的汽油才能生产出来——只能减少1/3的石化燃料消耗，从而减少对石化燃料的依赖。[91]此外，耕地处于一种长期供不应求的状态，随着全球人口和人均财富的增加，能源和粮食的需求在不断增加，耕地的压力日益增大。在2007—2008年，世界粮食价格飙升至历史最高点，部分原因是一些耕地种植了燃料作物，这使得全球粮食库存下降。一万平方米土地用于种植生物燃料意味着少了一万平方米土地用于生产粮食。[92]总而言之，来源于谷物的乙醇燃料被认为是其他作物如甘蔗、柳枝稷和中国木犀草的基础，这些作物有望产生更高的效率。大多数人认同生物燃料只能作为综合能源战略的一部分。

综合能源政策提供的创新性机会

这些关于分销、能源和燃料的讨论远远超出了纺织时尚业分销链的物理参数。他们也直接反映了可持续性发展的问题，提出了时尚产业对于发展综合能源策略的明确需求。对仓库中的分销系统、库存管理、运输和能源使用等进行认真的思考，可以推动创新性碳减排战略的形成。例如，服装公司Nau建立小型零售店，并提供服装样品，以供顾客查看造型样式并评估服装与自身的匹配度。该公司为在线订购可送货上门产品的消费者提供10%的折扣。虽然这种交付方式似乎不利于减少二氧化碳的排放，但该公司研究表明：将简化零售的流程和简化库存管理结合起来，减少补充货架并清除未售出物品等工作会产生连锁效应：更简单的运输物流大大减少了公司的碳足迹。如果在特定情况下思考这个“终极目标”，诸如本地生产，太阳能电池板的安装，以及生物柴油的使用，都可能成为特定环境中综合能源政策中的一个方案。

Nau公司服装店为客户设立家庭配送订货点以减少碳足迹

第4章 服装保养

服装的寿命常常由于洗涤或保养而受到影响。因此，以减少这种影响为宗旨的设计还有着极大的发展空间。对于许多经常洗涤的衣物来说，由于使用模式造成的资源消耗在服装生命周期中占主要部分。在衣物的生命周期中洗涤聚酯服装所需的能量大约是制造聚酯服装所需能量的四倍。当然，并不是所有的服装都是这样。例如，大衣的清洗次数较少，因此洗衣的影响相对于生产的影响较小。但是对于需要经常洗涤的那些衣物，洗涤可能是资源使用和整个服装生命周期中污染的主要来源。鉴于此类情况，联合国环境规划署发起了一个针对青年人牛仔裤洗涤习惯的运动，通过这种方式减少能源消耗。[93]

洗涤和烘干服装比种植纤维、加工纱线，以及服装裁剪与缝制产生的影响大得多，因为服装保养产生的环境影响是隐性的，并且广泛分布在每个地区的每个家庭中，它不像原始资源的消耗或工厂的污染那么明显。但是，当看到英国最近的相关数据时，家庭洗涤所造成的影响程度与严重性变得更加清晰：2100万台洗衣机（6000万人口），1150万台滚筒烘干机，以及274到343之间的每户每年洗衣负荷。[94]总的来说，英国洗衣机每年消耗约4.5TWh（太瓦时）的能源（大致相当于一个发电厂的平均年能源产出），这显然是一个相当大的数值。

现在人们已经认识到与服装相关的最大的影响来源于洗衣房，因此，最具影响力的可持续性策略之一将是改变人们穿着、洗涤和干燥衣服的方式。在这些方面，即使一个小改变也可能会产生很大的效果，比如改变服装标签内容，鼓励以较低温度进行清洗，指定在较低温度下洗涤一些特定颜色的服装，并采用快干织物进行设计。

护理标签

在一些国家的文化中（特别是日本），洗涤大部分衣物所用水的温度为室温（约20℃/68℉）。然而，在其他地方，大多数家用洗衣机具有在30℃（86° F）和90℃（194℉）之间洗涤衣物的程序。衣物洗涤的温度越低，消耗的能量越少。该说法是有争议的，因为一些洗涤剂在较低温度下清洁效率不高，结果需要更频繁地洗涤服装以便达到清洁的目的。[95]

服装上的护理标签规定了服装可以承受的最大洗涤温度，以避免衣物被损坏。合成织物如聚酯的推荐洗涤温度低于棉织物。最近，许多品牌和零售商开始使用护理标签来建议消费者使用较低的洗涤温度。例如，在英国，Marks and

李维斯的牛仔裤护理商标

Spencer在其标签中使用口号“思考气候，30℃水洗”试图通过消费者行为的转变减少洗涤对环境造成的影响。统计数据表明，在英国，在30℃（86℉）而不是40℃（104℉）下进行洗涤，并利用晾晒干燥替代机器干燥会减少目前国内洗涤能量负担的1/3。[96]

李维斯最近对其经典设计——501牛仔裤的生命周期影响的评估显示，对于两条牛仔裤，二氧化碳总排放量（32.3kg）的60%归因于消费者护理或洗涤，80%归因于采用高耗能方法进行干燥。[97]在其生命周期中，总用水量为3,480.5L，家庭清洗占2000L。[98]这些发现促使李维斯开展了一项由公司赞助的运动，让消费者了解到改变洗涤习惯的益处，这项运动包括为所有服装打上低温洗涤标签等活动。李维斯还与Tide洗衣粉（在低温下能有效洗涤）和沃尔玛合作，在沃尔玛的同一售货架上展示李维斯Signature品牌产品和Tide洗衣洗涤剂，以便消费者清楚地了解二氧化碳和服装洗涤之间的联系，使消费者可以在知情的情况下进行购买。

低能量洗涤和烘干

在服装洗涤中，节省资源最有效的方法是提高洗衣机（硬件）和其他投入品（如洗涤剂）的效率。如今，新一代的洗涤剂即使在低温（低至15℃/ 59℉）下也能有效地清洁衣物。然而，对于大多数人来说，限制因素是其洗衣机的功能，因为许多现有机器没有能力将温度降低到30℃（86℉）以下。提高机器的功能可以使其通过其他方式减少洗涤时的能量消耗。洗衣机在满载时效率最高，但大多数研究表明，消费者单次洗涤的衣物只占了其机器载荷的一半。因此，设计一个“智能”界面，使其能根据衣物重量调节水量以及洗涤时间，从而节约资源。如果将新兴技术，如可嵌入服装的RFID标签置入该界面中，服装便可以直接与机器产生联系，从而进一步提高洗涤时的资源利用率。

新技术

在美国密苏里州的15家监狱洗衣房中，已经使用了一种不同类型的技术（臭氧）来减少水和能源的消耗，以及对城市下水道系统的负荷。[99]一个典型的密苏里州监狱每天处理约16,000kg的衣物。其中大部分脏污严重，需要大量清洁剂。臭氧气体（使高电压通过氧分子产生）是一种强大的清洁剂，能分解有机物质，例如土壤、细菌、霉菌和油脂。一旦这些物质被分解，这些颗粒就会在循环洗涤中被洗涤剂除去。臭氧在冷水中使用效果最佳，因此不需要对水进行加热。它只需要较少的化学物质（较少的洗涤剂、漂白剂和软化剂）来去除污渍。它还减少了洗涤前和洗涤后服装的冲洗，因此缩短了洗涤时间，节省了水和能源。并且由于服装经受较少的机械搅拌，因而衣物的磨损明显更少，这使得服装寿命得以增加。

服装的烘干与洗涤类似。滚筒烘干对许多人来说是一个方便的解决方案，但它会消耗许多能源。与之相比，室外的晾晒干燥是零能量消耗的。然而，不是每个人都可以找到适合干燥服装的室外空间，在一些国家，恶劣的天气是主要的限制因素。寻找合适的场所进行晾晒也很重要，因为在一些社区中，晾衣绳被认为是不雅观的。因此，诸如新罕布什尔州的“洗衣清单项目”等组织正在通过将教育、游说和晾晒产品的售卖结合起来，使室外晾晒和冷水洗涤成为大众可接受的方式。[100]

密苏里州监狱洗衣房的臭氧气体设备使用冷水和更少的化学物质

第5章 废弃物处理

许多服装用过后先是被丢到垃圾桶，然后再由垃圾厂处理，这往往是它们的最终去处。据统计数据显示，英国有近3/4的纺织产品包括服装、家具、家用纺织品在使用完之后会在垃圾填埋场进行处理，[101]在许多西方国家这是一种常规的使用模式。然而，在我们丢弃这些服装之前，生产服装的资源（我们称之为服装或其他任何一种产品的内含能）并没有被充分利用。而生产一件衣服所需的材料、能源和劳动力却是能够反复满足设计创意和商业需求的，在某些情况下，这些资源甚至可以被循环地再利用。其实，这个问题不仅仅是指存放于垃圾填埋场的服装本身，更重要的是服装背后的设计和商业机会也被掩埋了。

为未来生活设计服装就需要我们彻底地改革目前处理废物的方式。这是一个对于设计决策、垃圾收集策略，甚至商业工程有着影响力的改革。它的核心是尝试着重新定义我们的价值观，并且在最终扔掉它们之前，更好地利用服装中固有的资源（如织物或纤维）。这个目标在时尚界催生了许多群体性活动，简单描述就是循环再利用，比如衣服的重复使用、翻新旧的或过时的衣服、旧衣物的重新制作，以及回收利用原材料。

减缓材料的流动

利用工业系统阻止和转移使用过的资源，使其离开垃圾填埋场，作为原材料回到工业生产中，通过重复利用、修补翻新和循环利用等手段减缓了材料的线性流动。再利用、再整理、再回收为能源和材料带来了变化，也产生了一系列针对废弃物管理的策略。消耗资源最少的选项是重复使用，因为它主要涉及服装的收集和转售。相对耗费资源的是修复再利用，这需要劳动力和能源来重新加工旧的布料或翻新衣服。循环再利用也由于需要机械或化学方法来粉碎和提取纤维，是比较耗费资源的。然而，值得强调的是，即使是采用最耗费资源的策略相对于原始纤维的生产而言也是“节省资源的”。所有这些策略都受到降级循环的大趋势影响——也就是，再生材料由于质量降低而只能生产便宜、价值低的终端产品。

随着时尚界可持续发展意识日益增强，重复使用、修复翻新、回收利用等方法正发挥积极作用，如果从更宽泛的视角来开展这些活动更为重要。尽管这些措施有助于处理垃圾并抑制其负面影响，但重复使用和循环利用并不能从源头防止浪费的产生。因为这没有解决造成浪费的根本原因，也没有改变效率低下的工业模式——而只是将其不良影响最小化。简而言之，重复使用和回收过程对深入改革购买习惯或生产目标的需求很少。然而值得一提的是，这些策略在短期内能够有效地运行，并且有助于加强可持续发展的信心与思维。当融合不同的思维方式和行动，这种信心可能会改变时尚界。事实上，让时尚产品重复使用和回收，而不是垃圾处理的“回收”计划赋予了额外的动力（并且它们本身也受到了影响），极大地增强了生产者的责任感和延长产品生命周期的观念。

回收计划

回收计划责成生产者必须在用户使用完其产品后负责回收，并进行重新制造、再利用或处置。从理论和实践上，让设计师或零售商对产品的未来处理负责，完全改变了服装生产、分销和销售的逻辑。将这个活动扩大到整个生产者包括上游的制造链到下游的各项行为、资源流动和未来消费者的行为，将更加有效与合法。将过去相互分离的组织联系起来，如纺织品回收商和废物处理的公共机构，并将他们的工作纳入品牌和零售商的生产决策和资产负债表中。

分销工作中回收计划的实际问题尚未在服装行业得到解决。如在电子产品的产品分类中，生产者责任立法自2001年起就已在欧洲法律中生效，要求制造商回收利用90%的大型家用电器和70%的其他电器和电子产品。[102]实际中，这是由制造商资助的第三方实施的。如果其他产品部门（如时尚界）实施此类立法，那么类似的第三方方案将涉及回收利用。2008年英国最大的慈善商店网络的乐施会（牛津饥荒救济委员会）和英国零售巨头玛莎百货建立了伙伴关系以推进服装的回收利用率，虽然这不是一个正式的回收计划，但这项活动用实际行动体现了生产者的责任感。交换活动能够给予回收服装的顾客回报，顾客将不需要的玛莎服装捐赠给乐施会，就会得到一张五英镑的玛莎百货代金券。正是由于这种合作，现在已有超过一百万购物者的衣服被回收，并为乐施会提供了200万英镑的额外收入。2009年，该计划被扩大到包括软装产品，如垫子、窗帘和床单。[103]

同样在2008年，瑞典的中档男装和女装品牌Filippa K在斯德哥尔摩开设了一家二手店，销售的全部是被消费者废弃的服装。这家店是非盈利性的，为消费者提供了一个可以重新出售他们不想要的Filippa K产品的机

右页图：保持资源使用的替代策略

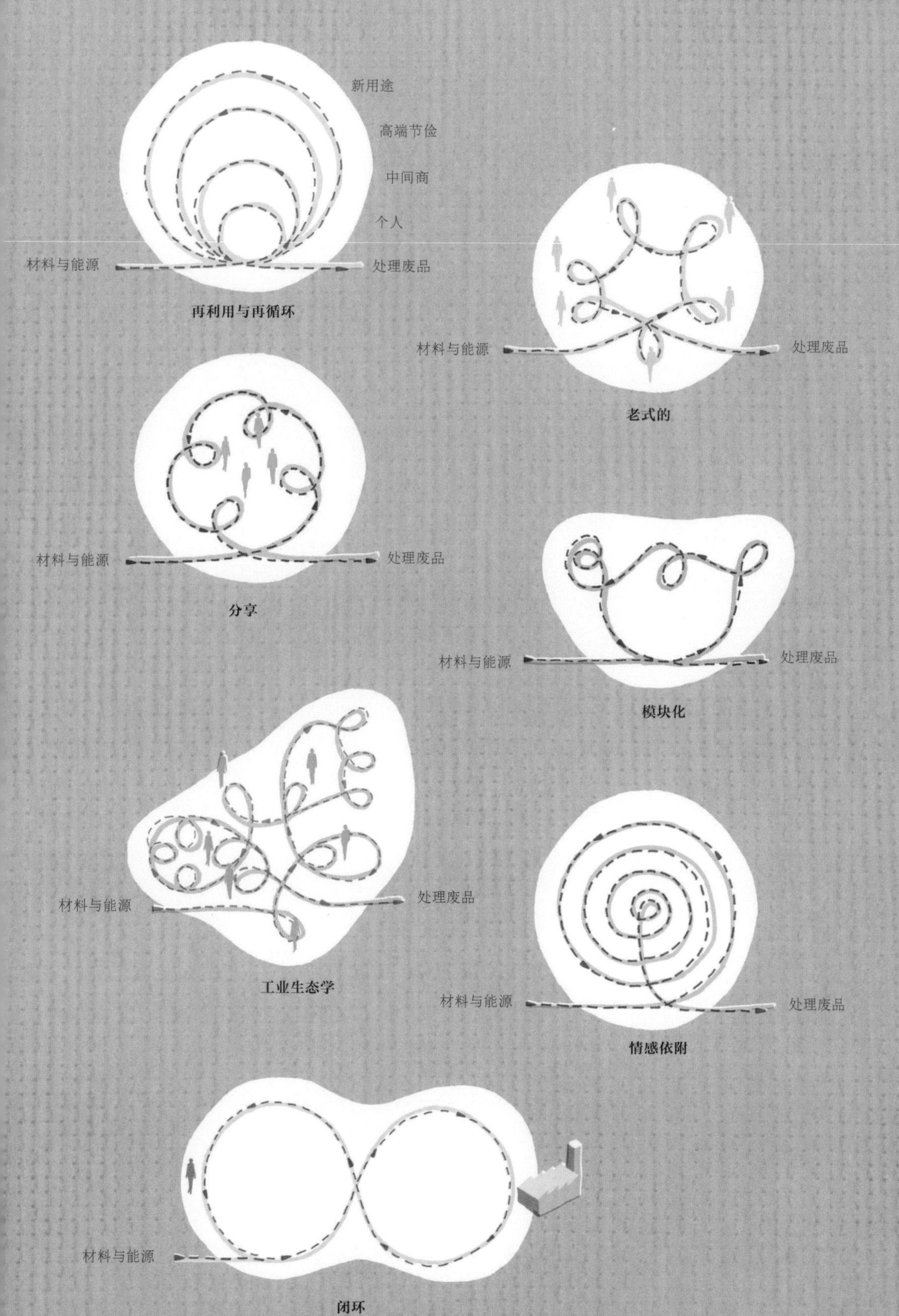
新用途
高端节俭
中间商
个人
材料与能源
处理废品
再利用与再循环
材料与能源
处理废品
老式的
材料与能源
处理废品
分享
材料与能源
处理废品
模块化
材料与能源
处理废品
工业生态学
材料与能源
处理废品
情感依附
材料与能源
闭环

会。该店所需要的东西是有选择性的，而售不出去的东西又会返还给所有者。将一家公司的二手服装进行重新销售，它的新系列和二手产品似乎都有所受益。Filippa　K二手店的存在，有力地说明了其产品长期的价值，而其新品会增加人们对其二手服装的兴趣。

位于斯德哥尔摩的Filippa　K二手店，委托出售二手的Filippa K服装

重复使用

可持续性理念深深植根于对资源的谨慎使用之中，很少有想法表现出这种在时尚中的孜孜以求，就像服装“重复使用”一样。一些数据显示，服装再利用活动节省了制造新产品所需能源的90%～95%。[104]重复使用的历史早已存在，它和纺织业本身一样古老。但服装再利用的状况随着“价值市场”（消费、处理水平的提高和廉价优势）不断发生着变化。

长期以来，在志愿和慈善组织（包括牛津饥荒救济委员会、英国的救世军和美国的亲善协会Goodwill）的推动下，一个循环的，将不需要的、旧的或坏的衣服引导回到时尚和纺织系统来进行分类、再分配和再销售的过程被建立了起来。在重复使用的范围内，有各种级别的活动，每一种活动都为创新提供了不同的机会。最明显的是直接再利用，其中高质量的物品被分类并重新投放到高档的二手和老式商店，其余的由二手旧货市场的经销商购买。这两种途径都能创造就业，并延长服装的使用时间，从而节省资源。然而，目前只有约10%的服装以这种方式得到再利用，其余的则打包运往国外的二手服装市场。[105]对美国的服装回收慈善机构Goodwill来说，回收的服装中占比最大的是卡其裤，其次是徽标或印花的T恤和男士夹克。[106]这表明，目前最大的问题是我们需要针对那些特定的服装类别进行翻新策略的创新。

被动的地位

这些组织只能对捐赠给他们的东西进行分类和转售。因为这种被动的地位,他们很难影响消费者的服装处理习惯以及被设计和销售废旧服装的产品质量。最近，低价和低质以提高利润率的零售趋势导致了购买和丢弃的商品数量快速增长，使再利用组织的运转变得更加困难。同时，受到市场上大量劣质二手服装的打击，再利用系统也已经不堪重负。除非时尚和纺织行业彻底改变其对废弃物及相关材料价值（包括未使用和已使用的价值）的观念，否则再利用系统将会崩溃。要改变这一黯淡的前景，就必须把相关慈善机构重新整合，发展积极主动的合作伙伴关系，与时尚产业完全一体化。

在旧金山的Goodwill组织，每天都会收到捐赠的服装，这给他们的零售店提供了源源不断的各种商品。通常低价值物品在商店滞销时间超过一个月就会被替代，为新捐赠物品的稳定流动腾出空间。该公司的“保持原状”（As Is）商店为未分类的商品提供了一个这样的平台，其商品的销售价格只有15美分，并且可以吸引不同的买家（从街头小贩到国际批发商）。但即便如此，这些最低价格也不能让剩余的商品全部售完。每周超过130包未售出的衣服仍然流向其他商铺、海外市场、垃圾焚烧场或垃圾填埋场。

尽管这些服装包裹只占Goodwill的总回收利用（包括家具和电子产品）的0.3%，但他们每年共有约3万千克的这类服装，这说明消费者在当地的旧货店里捐赠服装时认知失调。有效的循环利用需要消费者的配合，换句话说，他们不仅应当捐赠衣服，还应在旧货店购买商品。重新销售的现状表明，产品设计应尽可能高质量，以确保服装能够保值，并能吸引消费者多次去购买。

翻新

赋予被丢弃、破损或弄脏的衣物新的生命，就需要推迟这些废弃物被送往垃圾填埋场的时间。使废弃服装焕然一新的技术是多种多样的，这些技术也促使设计师越来越多地将节俭、创意和装饰结合起来。运用服装面料、余料、旧面料和装饰材料来进行重新塑造、剪裁和缝制整个服装的技术被用于生产独特的作品，有时由人工制作，有时用最新的技术进行制作。这些作

Proudly Made in the USA
Small Appliances, Etc.
Ultra
PRICE CHANGE
SALVAGE

品打破了二手材料价值不高的普遍趋势，并且证明，“升级再造”（即通过周密的回收增加价值）是有可能的。

左页图：Goodwill的裙装，拍摄于未出售的服装包裹上。

翻新服装的好处是显而易见的。新衣服是由旧的或已使用过的衣服制成。因此，每一部分用于制造的纤维或织物在被丢弃之前都要经过更充分的优化处理。翻新确实需要投入，维持或重新设计服装需要可靠的废料来源、零件（缝纫线、印染材料）和劳动力。事实上，翻新这一活动的一大益处就是创造就业机会，并且可以通过前瞻性的立法来增添动力（例如减免税收来减少重新使用和修理的劳动力成本）。翻新的另一个重要部分是开发具有盈利空间的商业模式。从本质上来说，翻新是劳动密集型的活动，它是基于一种非标准的、不可预测的原材料来源（特别是使用后的废弃物）来进行生产制造的。虽然许多公司已经成功地利用这些特性作为差异点，来创建独特的、手工制作和定制的系列产品，但一个主要的挑战是如何将操作扩展到可以重复使用更多大量废物的程度。例如，在英国，已经成立了完善的服装翻新品牌From Somewhere，它们通过从意大利高端工厂的工作室购买工业废料来克服采购问题，这给了它们比消费者使用后的废弃物更可预测的原料。翻新先行者Junky Styling不再是借由垃圾回收商去慈善商店寻找二手服装，而是直接从制造商快速购买。

翻新商业模式的另一个关键挑战是如何运用手工劳动使翻新产生最大效果，并在适当的情况下将技术整合到服装制作中。旧金山的威廉·古德（William Good）利用激光切割来创造出现代的贴花细节效果。现今，设计师们已经不再将旧衣服视为一件成衣进行翻新，更多的是将其作为面料来制作新衣服。这使得品牌可以发展出更为标准化的图案，这些图案是由旧衣服切割而成，并有可能运用技术减轻手工制作的负担。

英国翻新时尚品牌Goodone的特色服装由大约十个图案拼凑而成，旨在最大限度地减少剪裁造成的损失，产品经济实惠。通过使用许多小布片，使得该公司的每一批碎布都作为原材料被最大化地利用。Goodone的作品是由“最好的破布”制成的，这些原料是从进行废料贸易的纺织品回收商那里精心挑选出来的。无论怎样仔细分类破布，颜色的一致性都很难实现，所以发现了合适的颜色时，该颜色将成为设计重点。新的合作使Goodone扩大业务，例如Goodone和House of Cashmere合作的项目涉及重新处理有缺陷的库存产品（未消费的废弃物）；英国最大的零售商特易购

（Tesco）开始采用过时的（未消费）库存产品，然后在较长时期内将用消费后废料与天然有机织物或公平贸易织物结合起来进行设计。经济是许多再利用相关决策的驱动力。在特易购项目中，将原始面料与消费后废料相结合，从服装生产中减少了裁剪破布的成本，并创造出新的样式。

像其他废弃物管理策略一样，翻新发生在主流时尚生产运营的下游，对上游优先事项或价值观的影响有限。它作为一种事后的“收尾”工作而存在，这种处理模式是一种低效率的方法，是处理产业服装生产模式中一些浪费（或低效率）的方法。然而，这些相同的技能和技术及创新可能从根本上为时尚界中可持续商业模式打下基础。

回收利用

实际的回收过程包括使用机械或化学方法从现有织物中回收纤维。化学方法仅适用于合成纤维，而所有纤维类型都可以用机械回收。

使用开松机将织物散开不仅破坏了织物结构，而且撕裂了纤维，使其变得更短，仅适用于再加工成质量较低的粗纱线。由于机械回收方法的研究开发不足，250年来一直使用着一成不变的技术，回收利用的服装材料质量低下。过去被转化成羊毛毯和大衣的回收材料现在更有可能变成绝缘材料和床垫填料。从资源的角度来说，机械回收相对于原材料生产要节省很多。如果服装废料按颜色分类，然后按照颜色指定的批次（如在意大利的普拉托地区）进行加工，不仅用水更少，重新染色的必要性以及这一过程中对水和能源的影响也能被消除。

合成纤维回收

大部分机械方法也用于回收一些聚酯纤维。在这里，纤维可以从后工业化的纤维废料和消费后塑料（最普遍的是PET饮料瓶）的混合物中回收。这些材料被切碎、研磨和熔化以改性聚酯切片，然后像原生聚酯那样挤出、加工和纹理化。最新的聚酯回收技术是基于聚酯聚合物化学分解为单体（聚酯的结构单元）的。然后将原料重新聚合以产生比通过机械方法产出的原料更纯净、质量更一致的回收材料，尽管它要消耗更多的能源。回收聚酯（两种形式）越来越重要，近期数据显示，欧洲主要的聚酯纤维一半以上都是由回收材料制成的，[107]而日本帝人株式会社的生态循环（Eco Circle）技术则是创新的，通过其聚酯回收流程可以保持原料质量，避免回收过程中原材料质量的降低。

尼龙6像聚酯纤维一样，是可以通过化学方法分解聚合物的技术被回收利用的。最近回收技术的发展已经克服了一个具有挑战性的再聚合过程，回收的尼龙6纱线可以由工业废料如不合格纱线制作而成。再生聚酯和尼龙材料在原材料上节能时所提出的要求非常相似：这两种纤维都比从石油中提取初级的中间化学物质，并将其转化为纤维所需的能量要少80%左右。[108]

由消费后废弃物制成的紧身连衣裙，出自Goodone

WARNING
SECURITY SERVICES

基于循环的产品模式再设计

左页图：反面贴花上衣和裙子由工厂废物制成，制作者：卡里奈·米歇尔

统计数据表明，围绕“回收再利用”进行创新可以节省大量资源，而且通常以消费者能够理解的方式进行。但应当记住，回收利用是对浪费问题的短期解决方法，而不是一种长期的预防性解决办法。要开始改变这种情况，也许首先要建立起一个设计师、生产者和纺织品回收商之间新的沟通渠道。然而直到现在，后者都是一个独立于纺织品生产的工业部门。这种脱节意味着回收商已经开始慢慢要求上游设计和生产决策做出改变，从而使回收更容易和更有利可图，反过来，在开发易于回收利用的产品方面进展缓慢。因此，这反映了整个行业中所有参与者整体思想的缺乏。挑战不仅仅是广泛地在产品中使用回收材料，而且还要了解产品系统的周期和共同责任制下生产模式的潜力：将回收利用作为深层次行为变 化的催化剂。

卡里奈·米歇尔（Karina Michel）一直在使用印度针织服装制造商Pratibha Syntex服装生产中产生的废料。为减少Pratibha的浪费，目前米歇尔在其产品中运用了30%的废弃物（包括尾料和不良品），她采用反面贴花技术，用机器和手工将几种针织面料缝合，然后切割各个部分，以显示下面的多种颜色。将工厂废物转化为精美的服装，体现了设计在可持续性问题上进行创新的能力。

第2部分：时尚体制转型

尽管我们一直努力创新去提高一件服装的可持续发展性能，但这些变化所带来的益处总是受到服装的生产系统、商业模式，以及消费者个人行为的限制。虽然生产一件服装时，采用了对环境影响最小的纤维、优化了工人的劳动条件，然而对整个服装系统的影响却是微乎其微。因为，即使使用了“更好的”纤维和布料却生产着同样的衣服，由同一个零售商出售，和过去一样的穿着和洗涤方式。因此，本书的第2部分将从时尚产业和经济增长的体系中去探讨时尚可持续发展的新的方式，以了解时尚可持续发展所面临的具有深远意义的多种挑战。

当我们致力于培养时尚的可持续发展时，我们的认知也由关注产品扩大到业务模型、经济目标，以及现今部门的规则制定，不然，我们的许多行动会受到极大的制约。在主要产业圈内，所提出的许多目标和规则尚未公开，大家只是默认当前这种行事的方式。然而，对于许多可持续发展的倡导者而言，这些被默认的做事方式才正是导致不可持续发展问题的根源。由于没有对既定结构、动机和商业惯例的审查的过程，整个行业对环境和社会的质量追求将停留在一个表面的水平，绝不会达到人类和自然系统共同繁荣发展的点上（即可持续发展）。

世界银行经济学家赫尔曼·戴利（Herman Daly）认为：为了效率而做一些不该做的事情是不值得高兴的。[1]这并不是说，迄今为止推进的许多发展举措和以可持续发展为名义的创新是没有价值的，只是那些创新和举措并不是全都需要被执行。尽管这与许多现代思维有点不一致，但我们必须承认，在时尚界中，许多环境和社会问题无法用单纯技术性或以市场为基础的方案进行解决。相反，它们的解决方案是基于道德和伦理的（而非由企业和市场认可的价值观），这要求我们从日常业务中后退一步，看看到底是什么在形成、引导和激励这个庞大的系统。

环境哲学家凯特·洛尔斯（Kate Rawles）认为在社会主流中向主流思维提出严峻挑战是非常困难的，因为“人们是固守现状的”。[2]然而，如果我们要开始解决时尚界的一些环境和社会问题，我们就必须意识到这些问题的根源所在。基于这点，著名的工业生态学家约翰·埃伦菲尔德（John Ehrenfeld）建议：“将自己置身于问题之中去学习，慢慢地你就会摒弃陈旧的、不切实际的答案，并寻找新的有效的方法去创建一个可持续发展的未来。”[3]

为此，根据修定后的经济关系、不同的价值观和生态（即受自然启发）的世界观，本书第2部分介绍了一系列的创新机遇，为大型公司和设计师个体提供实践指导。有些观点是大家熟悉的，另一些则要求我们拓宽思路去想象它们全部的潜能，还有一些直至现在尚未出现。但是这些观点都建立在可持续发展原则上，或来自于被大家推崇的文化领袖，或者基于有公信度的实证数据的理性逻辑分析。与服装设计师和服装产业过去使用的方法相比，下文所详细介绍的创新机遇更缓慢、更复杂，且更具战略性。但是通过参与这个过程，我们也可以改善当前的一些实际状况，构建一个未来的新愿景。

第6章 适应性

适应：

1.通过改变或调整使其适合。

2.根据新的或变化的情况调整（自己）；动词，调整自己。[4]

在可持续性设计中，产品、流程或系统的适应性往往是对商业性时尚行业资源利用效率低下的回应。适应性策略力求提高使用率，以提高每件服装的效率，即同样的投入获得更多的产出。单独来看，这就要求我们对单件服装考虑得更多，尽管只是整个大的工作体系的一部分，但它可以干扰购买与丢弃的大循环，减缓服装的消费，挑战了现行的依赖规模化生产和销售获取业绩的商业模式。

在自然界中，生命对环境的适应性是进化过程中新物种出现的主要驱动因素，也是生命过程的基础。适应性允许某些物种占据栖息地内的特定部分，每个物种都具有与其他物种、资源和适应过程相互作用的机会。[5]物种的开放性和敏捷反应能使其适应不断变化的情况，并根据不同情况来不断地改变和迁移，在不利的环境中生存。这种微观上不断变化是保持宏观上对生态系统的稳定性和弹性的巩固，使物种能够面对生存危机并为改变自身做出反应。

商业环境下的适应性

对于工业、企业和大型商业而言，适应是一个麻烦而缓慢的过程，惯性阻碍了它们前进和变革的能力。在当今服装业中，以可持续发展为导向的人们，每天都会感受到这种固定不变的压力。而时尚业的难适应性，是时尚的可持续性在过去20年保持在大致相同领域的（产品和流程改进）主要原因之一。可持续设计思想家乔纳森·查普曼（Jonathan Chapman）指出：“体系本身倾向于不进行创新，而是改善现有的运作模式使其更加便利。”[6]企业忽视了创新，设计师也忽视了产品创新，消费者和市场也同样如此，大家都适应了现有的运作模式：大批量和同质化产品在全球市场上风行。

因此，具有适应性的时尚产品是多样性和多元化的，不仅对产业，而且对设计师来说都是一种挑战。对于行业，尤其是那些过去设计单一产品以批量生产为主的企业，适应性的挑战是培养多样性思维和服装设计的多元化。对于穿着者来说，适应性则需要其在实际中发挥作用以适应产品的变化。而对于设计师来说，适应性是体现在他应对成衣产品的关注转移到整个过程，一个变化、生长、转换的过程。

正如自然界中的微小领域与较大的生态系统具有共生关系那样，新工业的产生、消费者和设计行为的孵化会影响整个行业的新陈代谢。因此，适应性可以看作是为了满足用户对商品多样性的渴望和优化材料生产率的手段。但是，通过关注产品的转型和灵活性，从长远来看适应性也具有提升行业弹性的潜力，并能使我们做好充分的准备去迎接变化和高风险（物质、经济、生态和社会风险）的时代。

跨功能和多功能

因为一个产品包含了多个属性，所以适应性可以通过多种形式表现出来。颜色、廓型、肌理、图案、功能和细节都为处理和转化提供了机会。而且每个方面对时尚行业的现状都有不同程度的挑战。跨功能的适应性扎根于产品的物质性之中，并且经常受到仿生学（见第11章）的启发。在仿生学中，自然效率提供着复杂而巧妙的解决方案，使服装可以进行功能的叠加。因为跨功能特性通常是不可见的，但其特性适合我们现代的生活方式。所以当快捷性和便利性被重视时，这种跨功能特性可以较容易地适应一种新的社会环境或条件，并且对于消费者的要求甚少。跨功能项目能给人们提供便利，但参与度不高，因为这些看不见的属性无论公开还是隐性的尚不够成熟。跨功能服装不需要我们去改变我们的行为，对商业销售没有影响，因此，跨功能性产品正是商业上可接受的适应方式。

跨功能服装

跨功能服装，顾名思义，是指使用由防水、绝缘、透气的面料制成的物品。当它取代了其他类型的服装时，跨功能服装这一概念很可能使衣柜消失，并增加了每件衣服的穿戴时间。然而，如果没有对最终用户的行为进行研究，那么就不能保证在一个跨功能产品上的可持续性的维护不会在二次购买中丢失。因此，虽然跨功能设计项目为减少资源和能源使用带来了希望，但是消费者的行为和商业增长模式的问题仍然是一个关键性的挑战。美国户外运动服装公司REI开发了一种提供保暖、防水和透气的外套。高科技面料

REI夹克将隔热、防风和防水的功能合为一体

属性意味着它可以用一层面料替代三层面料的衣服（隔热层、防风屏和防水层），并且仍然可以满足穿着者在所有三个功能类别中的需求。这类服装表明了具有多重功能的面料或服装形式将会产生较大规模的影响，影响一件服装甚至衣柜中所有服装的选择。

多功能服装

人类是一个易激动、情绪化、变化无常的生物，并生活在一个价值观不断变化和信仰不断发展的社会中。虽然服装长期的发展历程是对社会和文化的反映，但工业化生产下产品即使是多功能的，其本身也依旧没有感情。为解决这种问题，多功能服装通过在产品和穿戴者之间建立更为强大而有活力的关系，这样做有望增加服装被穿戴的时间。然而，设计师们对自己的设计是非常满意的，并且他们的设计往往会超越用户的需要！此外，太多的性能可能会让客户感到困惑，从而会阻碍用户使用基本功能外的其他功能。因此，将多功能作为减少环境影响的策略时，在设计上重视“克制约束”[7]至关重要。尤为重要的是，当每个附加功能需要更多的自然资源时，或当穿戴者丢弃服装时，实际的结果都是与可持续发展理念相悖的。

如果多功能只以自我体现为目的，特别是由于功能的奇特性而刺激人们去大量购买时，可持续发展的观念就会被完全忽略掉。但是，当多功能处理得当、每个功能的预期用途都是清晰的，通过精心的设计与规划，对理想的消费行为提供较好的指导时，它就能将静态的产品转化为满足消费者需求的产品。具有良好设计的多功能使用机制可以避免常见的重复性穿戴行为，并且推动新思维的产生，为进一步的变化奠定基础。例如，由Páramo制造的可逆式CambiaT恤，以防水为主，该T恤使用了双面材料，而着装者可以根据环境因素和个人需要正反穿戴。当衣服光滑的一面紧贴皮肤时，能保持身体表面的水分，有助于在炎热的环境中保持凉爽。而反过来，当穿着具有蜂巢结构的另一面时，它能将水隔离开来，使身体保持干燥和温暖。当越来越多的功能出现在服装中时，消费者需要去思考、衡量自身的需求。翻转T恤巧妙地引导人们将关注点不再仅仅停留在服装的款式上，而是要开始改变一些习惯，更多地关注可持续性发展。

跨季节

时尚依赖不断的快速变化和人们服装的购买而繁荣发展。为了确保产品销售和更多的消费，时尚业制造了需要新外观和风格的人为零售“季”。参与这些人为季节会给人带来一种社交品位，一种良好的感觉，能够跟上最新趋势，同时也要有较强的购买力：返校、换季、旅游度假只是吸引消费者去购物中心的几个销售策略之一。所有这些都旨在诱导人们添置新衣服，并通过产业时尚系统确保商品的连续流通。

跨季服装

跨季服装可能会对这个行业的惯例产生影响。相比每隔几周开发新的色板和廓型，设计师更愿意根据不同季节来调整服装系列的颜色。跨季节性概念也开始引导设计师和穿戴者由时尚的物质层面转向非物质层面——将大自然季节的节奏与个体的需求相结合，并思考每一个季节服装变化的程度、

艾米莉·梅尔维尔的外衣把上衣和背心结合在一起，可以在不同的季节穿在一起或者分开穿戴

必要性，以及变化的依据。从穿戴者的角度来看，包括了什么时候、身体的哪些部位需要保护和保暖；从设计师的角度来看，服装设计达到一个怎样的合适程度可以帮助消费者减少不必要的购买。

艾米莉·梅尔维尔（Emily Melville）有机形态外套的灵感来源于对人体最需要保暖部位的研究。夹克的里层包裹着身体重要部位，这个位置保温功能是最重要的，同时通过与袖子相互协调，形成了一个有趣的服装廓型。这件长背心能单独穿着或者穿在夹克外面。这件衣服可以一起穿也可以分开，在凉爽的季节组合在一起，在温暖的季节则可以分开。

模块化

模块化的服装可以让穿戴者拥有趣味性和创造性的穿着体验，并且能够适应个人偏好和需求，从而带来持久的愉悦感。由于模块化服装需要协调并满足穿戴者的个人需求，设计模块化服装需要更多的设计师参与其中。设计师的设计由开发一个产品转向开发一个概念，设计思想成为一种像产品本身一样能够装配和拆卸的系统。因此，模块化服装拓宽了服装的设计范围，包括消费者行为、购买习惯、社会惯例和标志，并帮助我们通过复杂的解决方案来处理可持续发展问题。模块化服装不仅提供了可选择的消费方式，而

DePLOY的模块化方法是基于传统剪裁和可转化服装

且还需要新的商业模式，以便让模块化的服装能够像成衣一样生产。这些模块化的服装的生产量较少，其价值更多体现在服务、循环利用，以及人类潜在的需求方面（见第13章）。

DePLOY的模块化方法考虑了整套服装。它的目标是将最大的衣橱装入最小的手提箱，DePLOY系列的每件作品适应性都很强，可以通过熟练裁剪和细微的扣合设计实现个性化——连衣裙变成短裙，或外套变成连衣裙。因此，一件服装提供了多种可能性，使得穿戴者可以通过每季更换新的服装“零件”来实现以少胜多。设计不仅使衣柜消失，同时能满足忙碌的、活跃的现代女性的社会需求，这意味着在此社会环境下从一开始就要思考服装的各项功能，从一开始就要认真去考虑。DePLOY的服装风格从职业装到正装，再到休闲装，随着创新发展，服装的风格也越来越显著。DePLOY的商业模式反映了它的哲学思想——“时尚在于创新而不仅仅是消费”，并将其模块化生产线描述为“半定制”。

服装的模块化不仅要求设计师应重新思考设计实践和商业的模式，也为消费者提供了一种方法来反思如何更新我们的衣柜，并在某种程度上进行自我更新。它向我们提出了这些问题，即我们是否能够通过调整现有的服装来满足我们对新事物的渴望，以及这些变化要如何才能满足人类对周期性变

使用附加系统，克里斯特尔·提图斯的模块化可以实现裙子衣片的移除和替换

马南·菲伦纳创造的模块化夹克，采用方形块面，双头钉饰连接

化的基本需求。克里斯特尔·提图斯（Crystal Titus）针对这一调查方式设计了围绕系统的模块化组合，使模块轻松分离并重新组合。这种灵活的结构使服装的部件可以用其他的颜色、织物和印花布代替，并且还可以使它们彼此纵向移动以改变领口的形状。马南·菲伦纳（Manon Flener）的外套采用了相似的想法，但却产生了不同的外观。使用金属钉饰作为服装附件，可拆卸的服装模块由耐用的方形面料组成，从而使最终产品更具装饰性。

这些模块化概念可以进一步发展。通过产品使用跟踪研究和消费者对该模式厌倦周期的研究，以及可以激发新的模块设计的产品类别研究，从而了解消费者的需求和模块的循环周期。这些研究表明了一旦设计思维适应可持续发展原则，那么设计思维就会自发生长并相互支持，最终形成时尚多元化发展的路径。

改变形状

在这一章里提到的适应性概念中，改变服装的形状相对于其他方面可能是最具挑战性的，因为服装的形状是受到服装的物理性能和廓型，以及穿戴者的活动空间的制约。然而通过设计以适应产品形状的变化的概念已得以成功地实施，例如儿童玩具的乐高、麦卡诺和万能工匠。这些游戏的共同特点在于它们有一个可以将组件牢固地组装在一起的、简单但具体的系统。一旦掌握了这个系统规则，就可以实现各种复杂程度的组装。它允许个人解读，并给玩家的想象力、不断整合的构建能力、美学魅力及愉悦感的融合留下空间。更重要的是，它们为玩家提供了多种自己探索和构建的方式。

可变形的服装

针对可改变形状的设计对整个时尚领域有着完全不同的逻辑要求。设计师必须非常熟悉不同的结构和制板技术，了解最终穿戴者的创造力和要求。另一方面穿戴者必须有足够的信心让自己参与到产品的革新中，并准备好接受新的穿着方式。改变形状也改变了设计师和穿戴者之间的关系：双方以迥异的方式积极地响应另一方，而不仅仅只专注于服装的销售和购买。意想不到的是，随着设计师和穿戴者之间的互动，他们之间的依存关系也发生改变，设计师的个人想法不再决定服装的全部，最终形式可能由穿戴者决定；穿戴者也不再完全依赖服装本身的形态，因为新的形态出现则旧的形态

就会消失。通过这种方式，产品由单向流动进入到循环流通，也为不断变化的形状设计提供了另一种方法。它能帮助我们欣赏更为广泛的价值观，并通过模仿自然系统的方式来塑造和装饰我们自身，如生长和衰变，以及扩张和收缩。

概念时尚设计师戈尔雅 · 罗森菲尔德（Galya Rosenfeld）开发并制作了形状可变的服装和包包，它们由一系列形如同像素格或四面紧锁的正方形组成。这些正方形由毛毡模切而成，在产品中可自行组装的部分可以方便地用手组装，不需要熟练的技能，特殊的设备或能源。总的来说，这个概念

提供了几乎无限的结构可能性，并为穿戴者提供了满足变化多样性和情感欲望的一种方式，穿戴者甚至可以将这种产品全部拆卸并重新组装成全新的产品。形状改变是工业时尚的终极挑战，它会如何去调整那些在穿戴者手中消失并创造性地再次出现的服装呢？

在戈尔雅·罗森菲尔德的衣服中，看起来像打孔连接的正方形布料提供了创造不同形式服装的可能性

第7章 优化的生命期

在时尚体系中，由于生产速度和总量的要求导致工业化产品已失去了其原有的人性化特质。人们不再需要去了解材料的来源及生产商，他们也不会再谈及有关神话、社区或社会等问题。服装变成了没有生命的物体，而成为只是为了实现商业目标的一种手段。在生产效率至上的时代，人们淡化了服装的人性化，服装几乎没有审美可言，仅有的保留是为了确保最基本的销售。对于以上的现象，乔纳森·查普曼（Jonathan Chapman）将它称之为“审美贫瘠”。[8]

在商品经济中，时尚产品存在意义和情感的共鸣是有限的，加之它们的低成本和易购买性，这是导致它们在磨损前就被丢弃的一个关键因素。要改变这种情况需要做的工作有许多，关键是要围绕物质、时尚和情感等方面来影响服装的寿命。服装的寿命或耐用性常被理解为物理现象，即材料的弹性和强度。但在可持续性方面，针对服装耐用性的解决方案是有缺陷的。通常在时尚界，服装被丢弃了并不能说明其质量差，而是服装和穿戴者之间的情感消失了。[9]研究表明，90%的衣服在其使用寿命结束之前就被扔掉了。比如说，现实生活中拉链之类的功能性配件的损坏可能会导致一整件衣服被丢弃。产品是否耐用仍然受制于“西方”社会文化所引导的循环消费逻辑的影响。正如乔纳森·查普曼所指出的，“当材料的性能远远超过我们对它们的需求时，反而会导致浪费”，[10]等到产品出现在垃圾填埋场时，其物理耐用性就会成为负担，而非优点。

情感的共鸣

“耐用”产品寿命是由情感和文化指数来衡量的。比方说服装的含义、穿戴者的使用方式、行为习惯、生活方式、心理渴求，以及个人价值。这些情感的关联已经被企业充分挖掘和理解，并将它们作为营销策略的基础，以销售更多的产品。利用这些信息不仅是为了获得经济效益，也是为了促进具有情感性的设计，从而延长产品寿命，实现产品的可持续发展收益。这是一个相当陌生的领域，挑战了现有商业模式的核心。

让产品在一个过度发达和物质过剩的世界中唤起人们的情感共鸣确实是一项巨大的挑战。快节奏和令人眼花缭乱的市场消耗了顾客的精神注意力，这可能就是人们在情感共鸣方面传递给服饰的信号。服饰倘若一直平平无奇地发展下去，很容易在争夺顾客注意力的竞争中被淘汰掉。事实上，品牌Dosa的设计师克里斯蒂娜·金（Christina Kim）表示，在洛杉矶市中心的画廊（仅限预约）里展示她所规划的“慢时尚”路线，使上述问题得到了规避。来到画廊里，观众可以花时间去品味每件作品的独特品质，并在她所营造的空间中感受到设计师的整体设计理念（见第179页）。除此之外，人们往往是通过反复思索和听取故事使得移情作用得以推进发展，这些品牌故事建立后若能产生一定的效用，随着时间的沉淀和推动，会远远超越设计师本身的影响。这些故事能够流传并捕获人心，带给人一场美丽的邂逅。人们将这些故事与自己曾经的经历（有可能是一段回忆、一件有意义的事情或是一个成人仪式）联系到一起，产生无数的个人解读。因此，每个人在听到故事时的反馈也是会令人出乎意料的。

耐用性的物质和情感属性

有些产品的物质属性被人们广泛接受并持续地带来愉悦的感受。例如，随着时间的推移，牛仔布形成的“褪色花纹”越来越受欢迎，它捕捉到了人们喜爱用日益磨损的痕迹作为装饰的特殊需求，并不断营造出穿戴者需要的情感内涵。再比如羊绒一定会传递给人们舒适温暖的幸福感受。除了这些触觉方式之外，情感上的满足也可以通过一些巧妙的手段来获取，如给产品贴上简易的标签。例如，加州公司ZoZa，他们将一些类似于“别紧张，出手吧”（Don’t be tense. Be present）的短语标签缝制在衣服的特殊位置，不仅让顾客在发现该标语的时候会感到欣喜，也让设计师在创作时持续提高情感上的投入。

更多的案例可以看到，如同设计师一样，服装的用户也同样投入了大量的情感，他们能够开发和利用各类天然染料和分层面料的耐光性和耐洗性，并通过多年的使用开发新的服装图案。相反，在整合防染区域时，对服装的再次印染会捕捉到先前的服装状态，并提供一种方法以创造一个新的图案，并使得重新印染后图案更加复杂。这些充满诗意的设计定格了某一时刻，并为创造和体验时尚提供了不同的方式。

了解耐用性的各个方面（情感上、趋势上和物质上），能为有个性化需求的顾客提供一个最适宜的空间。然而，如果优化服装寿命的最终目标是通过时尚系统延缓自然资源的流动，那么设计出更多的情感耐用性产品可能和物理耐用性一样是一个有局限性的策略。美国增长最快的房地产行业是“自存仓”（Selfstorage），其行业价值为500亿美元左右，而这些部门中包含的大部分项目都是中产阶级所持有的。尽管当今美国的家庭规模是1950年代的一半，房屋的面积是当时的2倍，但这种状况仍然存在。就如同减少一件衣服中的能耗，却并不能保证绝对能源一定会减少一样，因为整个商业规模在增长。因此，单独延长某一个项目的寿命并不能保证资源消耗的净减少。通过文化、社会行为和商业实践的根本性转变来实现“使用寿命的充分利用”仍然是当务之急。

尽管存在一些局限性，但上述的这些概念仍然为顾客提供了一个情感的反馈途径，可以重新评估我们与产品关系中的各个环节，注意到使用权、所有权和需求的概念，顾及到日常生活中消费者拥有的服装数量和替换频率，以调整我们衣柜的“新陈代谢”。

充分利用使用寿命

优化使用寿命这一概念作为时尚领域中可持续性发展的一种方式已催生了许多方法和探索，每一次迭代都反映了人们对可持续性发展更进一步的认识。我们已经看到优化使用寿命是从产品的基本性能（例如坚固的面料和物理结构，以及从摇篮到摇篮的再生和可生物降解的纤维织物）中演化而来。我们也观察到有些概念超前于行业变革的能力（例如巴塔哥尼亚的“糖和香料”鞋，设计出可拆卸和回收利用的性能，但由于缺乏工业基础设施而无法达到其目标），与此相反，我们也可以看到概念转化为产品项目的例子（如Avelle包的租赁服务，详见第105页），这些产品所具有的特性会通过提供给消费者短期的情感属性和优化的产品质量来支持资源再循环和延长使用周期。

越来越多的研究项目帮助我们了解如何使服装变得经久耐用。ToTEM（物联网和电子存储器）项目是通过QR码和RFID（射频识别）标签的运用，研究人们的个人故事与特定对象之间的潜在联系，从而使他人能够读取相关信息，并对商品的含义有更深的了解。而这个“穿着痕迹”（WORN_RELICS）项目提供给我们一个独特的空间，服饰被使用的历史记录和未来预测都可以收集和存档。参与者需要在“穿着痕迹”网站上申请一个由标签编码提供的密码，接下来就可以注册有关项目并创建账户。随着参与者在生活中的使用，服饰的相关记录也会随之更新。记录档案不仅揭示了产品和穿戴者之间的联系，而且还建立了一整套关于关系、使用、感觉和记忆的网络，这些都不可避免地与常穿的衣服联系在一起。

耐用性的多种方法

“未来情景设想”（Future Scenarios）是有可能突破现有框架的方法之一，即在一套充分地研究了社会文化和民族倾向的理论基础上进行探索，并尽可能深入地了解未来几十年可能发生的情况。2004年，凯特·弗莱彻（Kate Fletcher）和玛蒂尔达·塔姆（Mathilda Tham）利用使用寿命项目展现了对服装的细致探索，通过思考效率和时间来挖掘设计资源更丰富的服装的潜力。这涉及到延长使用寿命、耐用性、材料、使用和服务等多个指标的研究。该项目的目标是对具体服装构造出更多样化的消费场景，如第90～91页表中所概述的。

衣柜的“新陈代谢”

在生命周期项目中开发的情境有助于我们设想未来的种种可能性，其中包括将基础设施或原型开发的投资成本最低化，我们可以创建一个平台并运用逻辑思维来构想下一步。例如当每个人都知道他们衣柜的“新陈代谢”，并有能力调整它们时，衣柜不再只是偶尔被清理腾出空间、放置物品的地方，而将变成“动态平衡”的场所。在这个场所中，服装可以被重新设计、共享和重新使用，不需要不断地购置新的商品和资源。在这里，购物不再是时尚体验的中心，而仅仅是融合个人创造力的众多方面之一。人们优化每件服装的使用寿命，以新的方式更新自己的穿戴和衣柜里的服装。

右页图：现有的（上图）和将来的（下图）衣柜“新陈代谢”，显示了减缓个人使用材料节奏的多种方法[11]

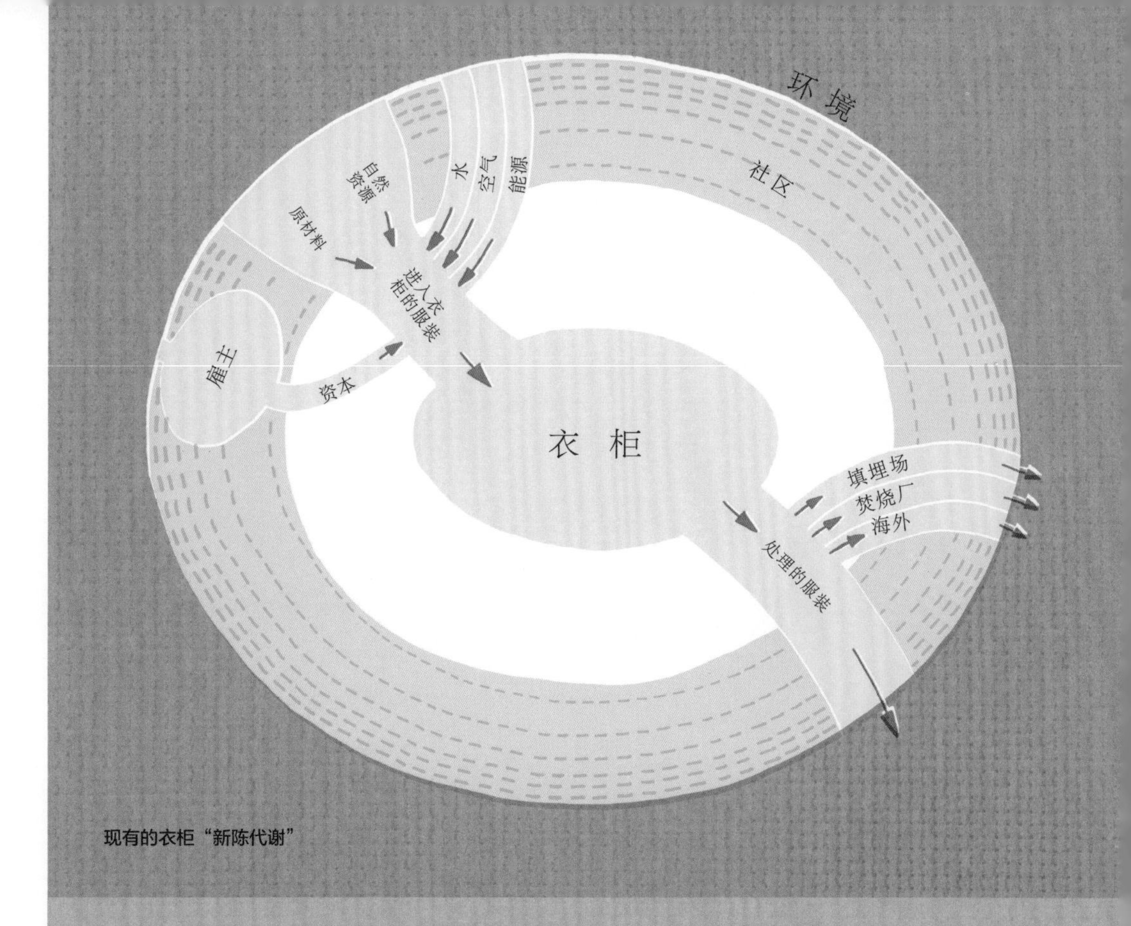

现有的衣柜“新陈代谢”

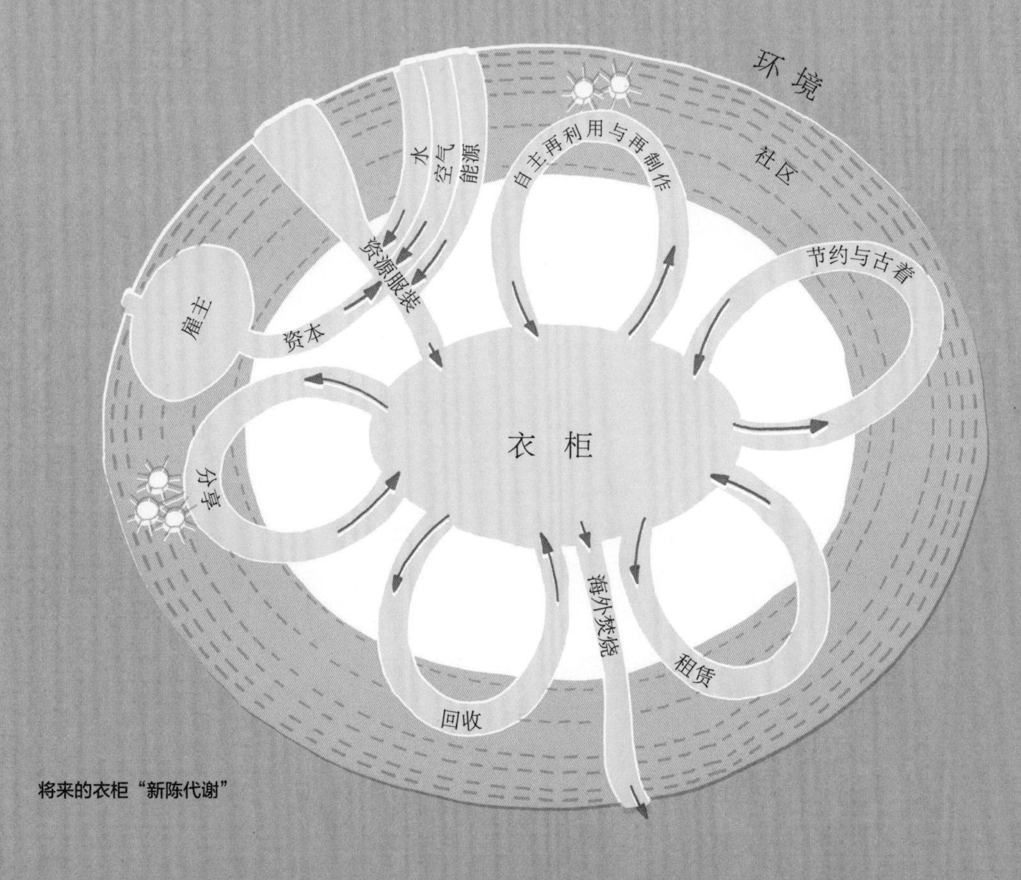

将来的衣柜“新陈代谢”

寿命项目：
探索四种服装的优化寿命

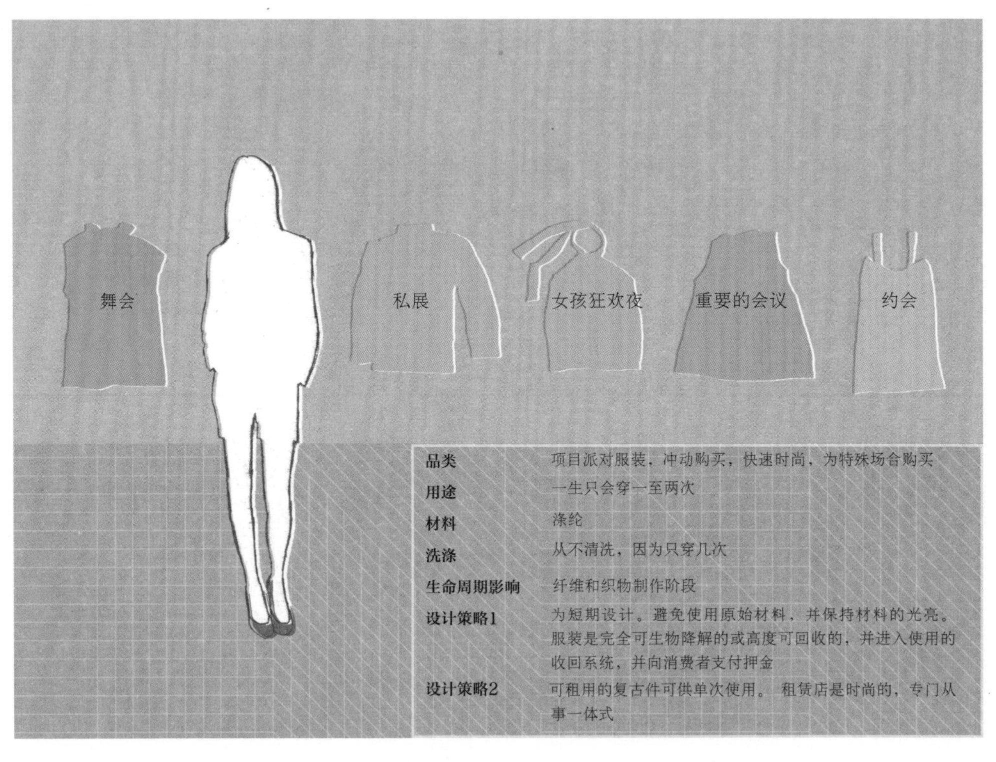

品类	项目派对服装，冲动购买，快速时尚，为特殊场合购买
用途	一生只会穿一至两次
材料	涤纶
洗涤	从不清洗，因为只穿几次
生命周期影响	纤维和织物制作阶段
设计策略1	为短期设计。避免使用原始材料，并保持材料的光亮。服装是完全可生物降解的或高度可回收的，并进入使用的收回系统，并向消费者支付押金
设计策略2	可租用的复古件可供单次使用。租赁店是时尚的，专门从事一体式

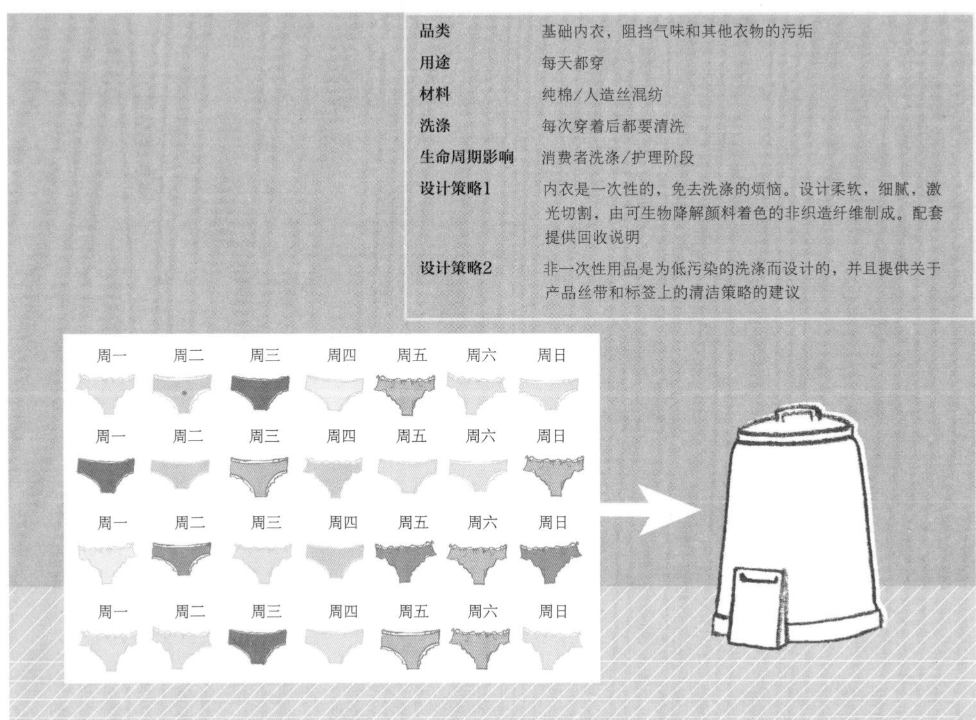

品类	基础内衣，阻挡气味和其他衣物的污垢
用途	每天都穿
材料	纯棉/人造丝混纺
洗涤	每次穿着后都要清洗
生命周期影响	消费者洗涤/护理阶段
设计策略1	内衣是一次性的，免去洗涤的烦恼。设计柔软，细腻，激光切割，由可生物降解颜料着色的非织造纤维制成。配套提供回收说明
设计策略2	非一次性用品是为低污染的洗涤而设计的，并且提供关于产品丝带和标签上的清洁策略的建议

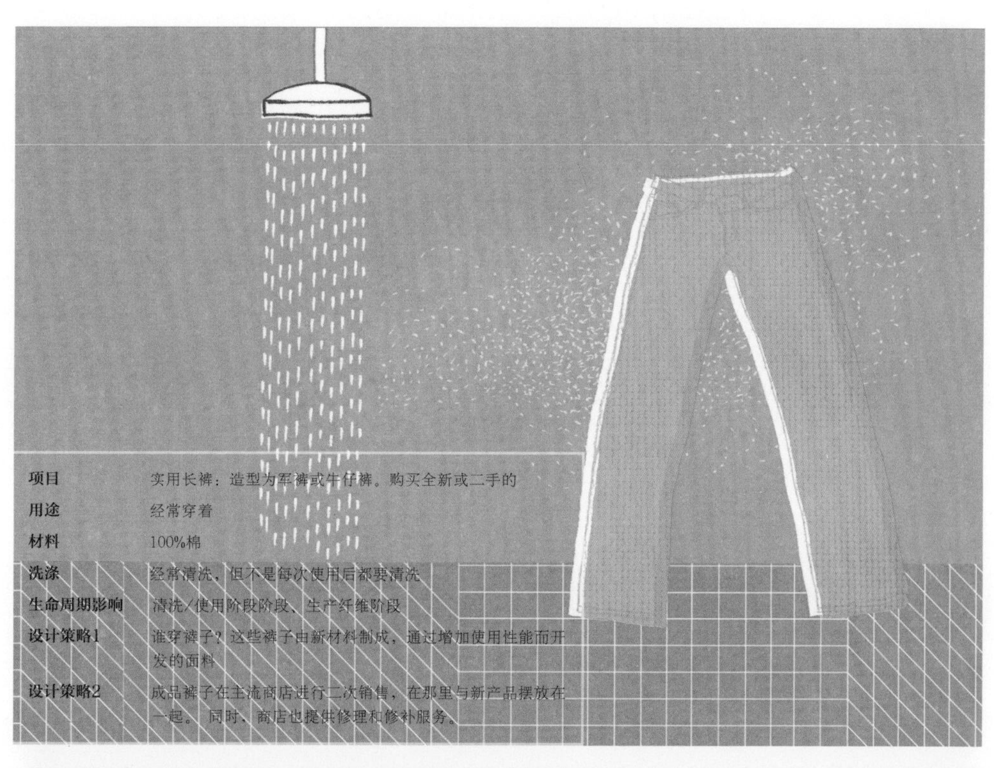

项目	实用长裤：造型为军裤或牛仔裤。购买全新或二手的
用途	经常穿着
材料	100%棉
洗涤	经常清洗，但不是每次使用后都要清洗
生命周期影响	清洗/使用阶段阶段、生产纤维阶段
设计策略1	谁穿裤子？这些裤子由新材料制成，通过增加使用性能而开发的面料
设计策略2	成品裤子在主流商店进行二次销售，在那里与新产品摆放在一起。同时，商店也提供修理和修补服务。

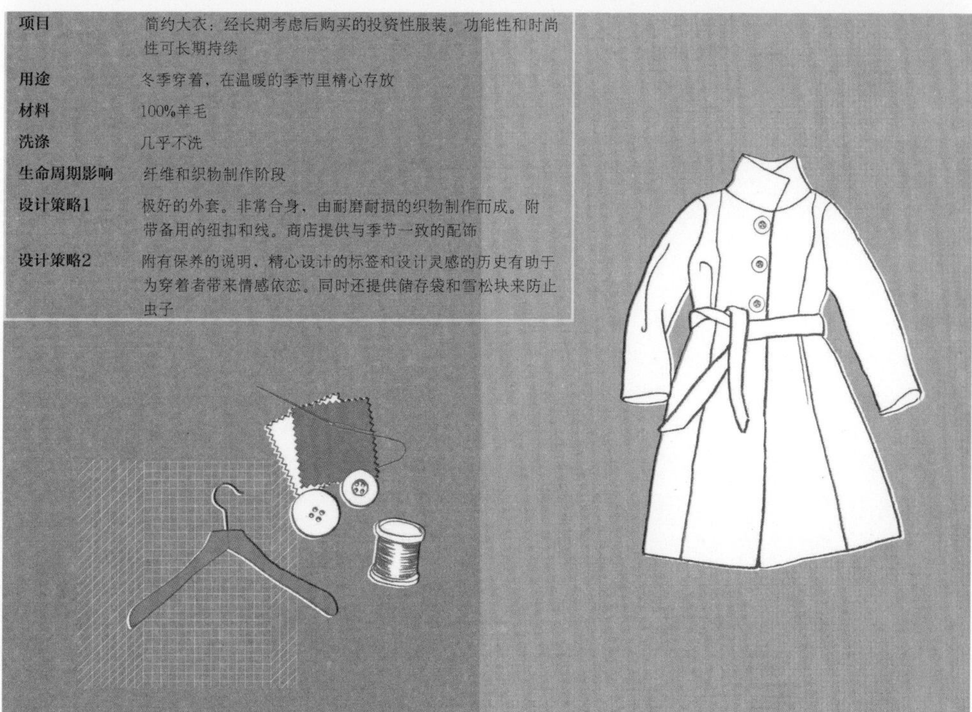

项目	简约大衣：经长期考虑后购买的投资性服装。功能性和时尚性可长期持续
用途	冬季穿着，在温暖的季节里精心存放
材料	100%羊毛
洗涤	几乎不洗
生命周期影响	纤维和织物制作阶段
设计策略1	极好的外套。非常合身，由耐磨耐损的织物制作而成。附带备用的纽扣和线。商店提供与季节一致的配饰
设计策略2	附有保养的说明，精心设计的标签和设计灵感的历史有助于为穿着者带来情感依恋。同时还提供储存袋和雪松块来防止虫子

第8章 低污染使用

改变晾晒及护理服装的方式，能够极大地改变服装穿用对环境所造成的影响。近20年来的研究已表明洗衣方式对服装整体可持续性发展而言是有较大影响的。研究者揭示了对于经常洗涤的衣服，运用二氧化碳排放、水污染和固体废物产生在内的广泛标准来衡量时，服装使用阶段产生的污染是生产阶段的2～4倍。[12]简单来说，我们护理服装的方式在很大程度上影响到服装的可持续性发展，应将设计聚焦到这里，从而带来变革的希望。

虽然人们对于护理服装的方式所产生影响的认识已经有了几十年，但只是到最近，随着“生命周期”的理念被广泛接受，设计师和服装品牌才开始承担起在洗衣房里洗衣及护理衣物的责任，而不只是我们这些日常进行服装清洁的消费者。因为服装在制造后，被使用进而再被丢弃，因此出于对“生命周期”的考虑，设计的目标是提高整个产品的可持续性。这种整体综合的考虑方法催生了一些举措，以减少密集型洗衣行为，从而提高整体服装的可持续性发展。英国政府发布的“服装可持续性线路图”[13]就是这样一个方案，它支持了对洗衣技术以及相关政策战略的具体研究，以促进服装业的可持续性发展。

消费者行为和低污染使用

几乎和服装界中所有的可持续发展问题一样，那些洗涤护理问题都是微妙且复杂的。对于我们所面临的挑战，没有一个放之四海而皆准的解决方案。因为并不是所有服装，也不是所有消费者的情况都是一样的。一些服装类型（比如内衣、T恤）需要经常洗涤，而其他的（例如夹克、毛衣）则很少洗涤。对于那些不经常洗涤的衣物，因为它对整体可持续性发展而言几乎没有什么影响，所以应将注意力转移到护理方式上。同样的，每个人洗衣服的方式也存在很大的差异，一些人会根据他们的需要把衣服进行分类；另一些人会大量堆积后，清洗所有东西；还有一些人则选择使用公共自助洗衣机，在商业机器里洗涤和烘干。因此要降低洗涤衣物带来的污染，方法既要明确还要因人而异的，同时能够弥合社会文化态度和消费者行为之间的微妙差别，此外还要解决更现实的资源效率问题。最终目标是为了鼓励人们以可持续发展的态度来对待衣物的清洁，并规范现阶段的行为标准。

为减少洗衣次数而设计

利用纤维自净和干燥的特点来减少衣物洗涤对环境以及可持续发展所造成的影响，这也许是最显而易见的改变方式。例如，一些特定的面料在低温的情况下易洗且速干，这有利于减少洗涤过程中的资源消耗（见第63页）。然而，不只是纤维类型会影响清洗衣物的行为，面料的结构和后期的加工也能够减少洗涤对环境以及可持续发展所造成的影响。目前，基于纳米技术的新型自我清洁涂料正在开发中，最为大家所熟知的防污服装则是在服装面料上添加防污涂层，从而改变人们的洗衣习惯。例如，可以防污的思高洁和特氟龙，它们利用三氯生、四元化硅酮和银，完成了防污和抗菌的工作，让面料宛若新生。思高洁和特氟龙方案宣称能降低洗涤衣物对环境所造成的影响，这就是说，如果他们的运用真正转化为不同的洗涤行为的话，这就很难保证了。然而有一点可以肯定的是，每一个新增的方案都需要一个完善的过程，并且增加的环境成本从长远来看并不低。

（化学）涂料的影响

越来越多的证据表明，人类的健康会受全氟化学物质（防污衣服所用的涂料）影响。最近的一项研究发现，氟化合物与婴儿出生体重低之间存在关联，[14]它们现在被列入欧洲非政府组织制定的“SIN”名单中。这张清单上列出了267种引起高度关注的物质，非政府组织呼吁当局对这些物质进行管制并从产品序列中将它们去除。[15]对于涂有抗菌涂料的衣物，人们担心由于细菌持续地暴露在包括涂料在内的杀菌物质中而变得具有耐药性（有时被称为“超级细菌”）。人们同样也担心这些化学涂料是否耐洗，这些物质是否会流入到下游河道中。

在密切关注衣物上这些化学物质所带来的影响的同时，人们很容易忽略掉这些衣物上的加工处理（指化学涂料）是否能带来实际的益处。证据表明，这些涂料的应用确实减少了衣物的洗涤次数。在这种情况下，人们在洗涤衣物时只受到物理因素的影响，该影响没有上升到文化思想或行为上，正是文化思想或行为上的原因导致了我们大部分的洗涤。[16]另外，“是否有必要让我们的服装一开始就处于无菌的状态”这个严肃的辩题人们早就该思考了。就像医用纺织品，如一些医用服装和棉签采用无菌等技术来减少患者感染的风险，但对于我们大多数拥有健康免疫系统的人来说，无菌服装对我们的健康并不是至关重要的。

减少衣物洗涤次数的新方案

日本品牌Konaka携手设计师山本宽斋（Kansai Yamamoto）与萨维尔街（世界顶级西服手工缝制圣地）的缝纫工艺师约翰·皮尔斯（John Pearse）共同打造了一款“淋浴清洁套装”，这款服装可以在温暖的淋浴中清洁，在保持不起皱的状态下自然晾干。这套服装的材料是由羊毛和水溶性纤维混纺而成的，在制作后浸泡在水中，使水溶性纤维溶解，形成一种由羊毛和一系列中空结构所构成的织物。这使得水可以很容易地在纤维之间通过，并带走泥土。在淋浴中清洁服装的益处是显而易见的：不用干洗及使用相关溶剂，也无需使用洗衣机及清洁剂。或许，就Konaka的套装来说，人们衣柜里只需少量的几件衣服，因为此款衣服从清洗到晾干的过程极为迅速。根据Konaka的说法，西服洗去正常污渍需要大约十分钟，服装可以在不皱平整的状态下八小时速干。Konaka的创新是以便利文化为营销点，为此，也产生了一些新的问题：比如，这类型的衣服很容易清洗，我们会不会更频繁地清洗呢？通过在淋浴间清理衣服，我们会不会像对我们的身体一样，对服装周围的清洁程度有更高的要求，从而增加服装的洗涤次数呢？

免洗

或许，任何尝试通过创新来减少洗涤所产生影响的合乎逻辑的结论都是设计免洗衣物。一件服装在使用时的总耗能中，大约有2/3是由于洗涤所造成的，免洗服装可以将这部分耗能节省。让人们无视社会压力，不对衣服进行清洗，这可能并不像我们想象的那样具有挑战性，对于少部分人来说，他们已经开始这样做。最近的研究收集了一些文字和图片资料，其中包括那些仍在使用、从未被清洗过的衣物。[17]这些物品的整理揭示了一个关键的影响因素，一件衣服从不洗涤是人们担心洗衣服的过程会导致一些珍贵的东西丢失：一种气味、一种记忆、一种特定的着装方式、一件服装的手工质量等。将情感作为影响家庭式洗衣行为的因素，这与目前主导行业的做法是完全不同的，后者是把洗衣作为一种洗涤循环效率的技术和行为功能，而不是情感方面的功能。

社会规范和卫生

时尚历史学家梅丽莎·勒芬顿（Melissa Leventon）指出：“我们目前正处于一个清洁且芳香的时期。但是我们曾经走过洁净而无香的时期、不洁净却芳香的时期、既不洁净又无香的时期。每个时期都反映了当时的社

Konaka沐浴清洁套装

右页上图：来自“能源水时尚”公司的三件服装：连衣裙、毛衫、裤子，指定使用低洗涤的纤维类型和针织上衣，以减少洗涤对环境造成的影响

右页下图：免洗上衣，“5种方式”项目的一个部分

会和文化习俗。”[18]设计能够借助历史知识来影响人类的社会行为与修养是众所周知的，但在石油和水资源匮乏的今天，设计的主要出发点在于设计产品能鼓励个人反思自己当前行为的作品，并提供一个与之截然不同的未来愿景，其目的是促进向可持续发展的转变。从某种程度上来说，被磨损的丹宁布反映了一条牛仔裤的穿着痕迹，这为一些可供选择的减少资源消耗的行为提出了些许见解；用4到9个月的时间去穿着一条牛仔裤，以这种方式来计算，洗衣的时间延迟了至少6个月的时间。

“免洗衬衣”作为“5种方式”（5 Ways）项目的一部分，是由贝基·厄利和凯特·海彻（Kate Hetcher）在2013年3月设计的。这种设计是为了回应日常洗衣记录中体现的问题而开发的，该记录记载了6个月的洗衣行为和生命周期数据。这些数据揭示了服装生命周期中消费者护理阶段与环境高度关联的影响。该服装的特点是在污渍最有可能积聚的区域以及额外的腋下通风处采用易于擦拭清洁的表面，它可以一直穿用几年而不用清洗。

此外，基于用户行为和文化习俗研究，“能源水时尚”已经探索了如何用设计影响服装的穿着和护理方式。2010年初，作为伦敦时装学院的研究生毕业秀和环保案例展示秀中的一部分，《八件套》（*EW8*）作品中每一套都包含了一个独特的设计点，通过设计实践去鼓励穿戴者减少洗衣次数。这些特点包括色彩、纤维类型、适体度、款式设计、开合方式、保护层的使用和功能性，提供创造性的出发点来影响设计实践和服装穿着者对服装的护理方式，它将实践知识带到服装设计和产品开发中。

为污渍而设计

“免洗”主题的另一种衍生是利用一件衣服长期不可避免的污渍累积作为其设计的关键部分，实际上这是人们喜爱穿着它的标志。在服装印染和剪裁时为后期设计预留部分空间，这与我们一贯抹去所有磨损的痕迹，洗掉身上的污渍的做法不同。为穿着者留下部分空间，以穿着者的触感来连接服装美学与社会准则，并改变设计师所扮演的角色，不是生产完整的不可更改的作品，而是生产只有与穿着者合作才能获得的物品。例如，劳伦·德凡尼（Lauren Devenney）的无污渍服装（如下页所示）就是针对脏衣服问题提出的一个新的观点，该服装以无异味的污渍作为设计点。使用亚麻和棉布针织衫以保证具有良好的透气性，更大的袖窿和领口的设计促进更多的循环，使身体出汗和异味的情况有显著改善。在半随机的飞溅模式下预先染色，每一次意外的颜色喷射，使产品被赋予新的形式而不是降级。

劳伦·德凡尼（Lauren Deven-ney）设计的的连衣裙，为解决污渍而设计

减少衣物熨烫次数

统计数据显示，当我们在温度较高的环境下熨烫衣服时，我们消耗的能量与在洗衣服时所消耗的能量相同（在熨斗没有蒸汽的情况下，我们所消耗的能量要低很多）。[19]尽管完全消除熨烫是很容易想象到的，特别是对我们这些已经远离熨斗的人而言，但这一策略也有多方面的影响，尤其是对于社会规范和对穿着皱巴巴的服装文化接受程度而言。

熨烫可以抚平有褶皱和折痕的织物，就像洗衣服一样，给人们一种潇洒、精致和充满活力的外观，所有这些都是诸如成功和尊重等社会信息的触发条件。几个世纪以来，熨烫衣服一直是洗护衣服环节的关键部分，尤其是对于天然纤维（棉麻丝绸）这类容易皱的面料来说。然而，随着二战后越来越多的抗皱合成纤维的引入，消费者对方便、易护理的面料的需求不断增长。同时，人们开发出了用于增加天然纤维抗皱性能的处理方法，有效地消除或至少最大限度地减少了对熨烫的需求。这里需权衡的问题是，在家中进行熨烫衣服和花时间去保养一件衣服（可以将你与一件衣服更多地联系在一起），是否比在工业整理过程中增加化学使用要好得多。或者，这两种方法是否可以被其他更有效的解决方案所取代。也许是通过社会和文化变革的想法合作完成，又或许仅仅是通过设计来解决。

为褶皱而设计

设计具有褶皱和折痕的服装为我们提供了一个机会——既实现可持续性发展的目标，也满足穿着者的需求。在现代快节奏的生活中，褶皱、折痕因方便成型而具有吸引力。例如，无印良品的褶皱T恤完全避免了对熨斗的需要。它的包装为收缩的立方体，产品清楚地传达了销售企业的设计意图，而通过涤棉混纺面料使服装在穿着过程中也能保持褶皱。在刻意设计起皱的面料上印刷，会在图案上造成断裂的现象，在平布上印上具有逼真折痕视觉效果的图像，已经在传统服装上成功地进行了探索和推广。这样的效果分散了人们对无意折痕的注意力，这在很大程度上是因为采用了多色线，这种纱线的编织效果会分散眼睛对不规则颜色褪色的注意力。这些视觉处理较好地满足了设计师的思维和技能要求，而且也为可持续发展问题提供了多种可能的解决方案。一种更具可塑性的设计方法，可以包含结构细节（比如用拉绳制造缩褶），并且留出一部分位置用于可行的创新方式做出量感和褶皱效果。而三宅一生的三宅褶皱（Pleats Please）则提供了相反的效果：压缩褶皱而不是创造量感，以上两者都出于同样的目的。所有这些想法都有一个共同点，那就是它们让褶皱和折痕变得可以被接受，甚至可以说是让这些褶皱变得时髦和令人满意，因此也就能保证褶皱和折痕被主流人群所接受。

无印良品的褶皱T恤，可以包装成小方块

第9章 服务和共享

围绕可持续发展进行的各种创新，是为了将商业成功地从日益扩张的消费模式上分离，以减少资源的消耗、污染的产生，以及气候变化带来的相关影响。这对于时尚界来说无疑是非常艰巨的任务，因为时尚界的结构形式深受经济增长的扩张主义模式的影响，而提高利润和扩大市场份额最重要的途径就是增加产品销售规模。

近几年来，出现了服务重于产品本身的经营理念，通过提升效率来降低资源耗损、提升利润，这进一步挖掘了可持续发展的潜力。面向服务的商业形式多种多样，从维修和租赁到开放源的设计服务（服装纸样免费共享，人们可以在家中制作服装）等。设计的商业模式得到了更新，在新模式中交易，每一个单品便可以按需塑造。

修补服务

许多商业模式以可持续发展为重点，它们抛开传统的以提高材料销售量来盈利的手段，通过其他的方式来赚取收益。例如，通过使服装焕然一新的修补服务来盈利。实际上，改造和修补已经不是新鲜事物了，多年来它们一直是许多洗衣和定制企业的组成部分之一。然而，认识到修补工作对时尚界整体可持续发展的贡献和关联，有助于使修补从独立的特设活动转变为一个在时尚系统整体中发挥作用的内在因素。无论是否得到时尚界官方组织的认可，一些自发性的组织已经建立了起来。例如，在旧金山，一种新型的社会面料协作社进入了大众的视野中。在该工作室，普通消费者能够通过专业设计师的帮助自己修补并制作服装。该工作室的课程与DIY自行车维修培训机构Bike Kitchen合作运行。该项活动让我们思考这样一个问题：我们为什么不能以对待自行车的方式来对待我们的服装呢?

在过去，服装一直都在被修补、改造和保养。纺织品和服装是在20世纪才变得多种多样的，在此之前，它们是高价值的物品，并因其高成本和稀缺性而得到悉心护理。许多技术都是为了保证服装穿着时间更长久，尤其在许多细节方面的处理，包括修补或磨边磨损的部分，用带子或编织物在袖口、领口或下摆进行镶边以防止磨损，并在服装上接缝或折边，以便更换。然而，对于大多数现代人来说，去修补一件衣服几乎省不了什么钱，因为新衣服价格低廉，而修补的人工费用极为高昂。但由于石油和淡水等自然资源的日益稀缺和服装成本的增加，会促使修补成为一种趋势，同时不断变化的经济和自然气候可能会引发不同的社会和物质标准。

如果是这样的话，修补的局限性和可能性较少会影响到新服装的设计。

维多利亚时代的外套内里经过编织和修补过的衬里

为修补而设计

修补历来被视为一项独立于设计与生产的活动。修改衣服的行家往往不考虑服装的设计。然而，未来开展服装修补和复原业务的机会确实存在，像价值不菲的“经典”作品之类的服装似乎非常适合这种方法。当这些创新方法融合了情感耐用性、拆卸和适应性设计时，它们的应用潜力远远超过了这个市场，从而能够获得更大的市场和更广泛的人群。

迈克尔·斯威恩（Michael Swaine）在他的移动“冰激凌车”里配备了一台老式脚踏缝纫机，在旧金山的街角免费修补人们的衣服。他将裤脚折边、给夹克上补丁、缝扣子，这些起初都是公益艺术项目的一部分，但是9年以后，让他一直坚持的原因更多的是他与当地人建立的关系和信任。斯威恩声称他的车和修补服务行为已经创造了一个可以交流的空间，再次将服装与生活紧密相连。

迈克尔·斯威恩(Michael Swaine)在旧金山的街头用他的“奶油冰激凌”小推车在修补衣服

租赁系统

改变产品组织、分发和使用的方式，可以在减少材料消耗的同时仍然满足人们的需求。做到这一点的关键之一就是从传统的“服装”模式转移到一个“在线出租”的模式。当服装被出租时，消费者购买的是服装的实用性或服装所提供的性能（例如服装的时尚性、保暖性、防护性等），而不是材料本身。最常见的例子就是正装的租赁。例如，燕尾服是为了婚礼而准备的，在这种情况下，穿着者需要的是服饰所带来的优雅和传统特质，而不是永久的所有权。从独有权到权限共享，这种微小的转变减少了服装的产量。类似图书馆这样的租赁系统，就是将我们平时所认为的“一件衣服一人所有”的关系打破。增加了穿戴者的数量，使每件服装的资源尽可能地被集中使用。

目前，已经有许多人通过一些方式来改变服装与穿戴者一对一的关系。例如，购买、交易古董服装（一种变相的长期租赁）或与亲密的朋友分享衣服。但也出现了一个问题，即在这种服装的共享中，进行分享的人的尺码必须是相似的，才能确保衣服适合。英国针织品公司Keep and Share用一种创新的方式解决了这一问题，在身体尺寸变化的特定位置设计有小而合适的松量。这种方式衍生出一种服装的设计概念，它由一些衣片组成，并使得分享更具可能性、更为实际。

租赁的逻辑

租赁系统背后的逻辑，很大程度上借鉴了一套完善的消费经济理念，特别是从效率的视角来看。在租赁方面，生产者保有对服装的所有权，而不是销售权。由于服装代表了投资，生产者便不断地寻找方法，通过提高服装使用率来获得利润。想要更多地使用服装，赚取更多的钱，就要拥有一些耐用的服装，并尽可能拓展租赁市场。

线上配件公司Avelle为高档手袋、珠宝和太阳镜提供租赁服务，成为其客户（约5美元的月费）便可以租用其商品，价格从每周15美元（日常款）到每周150美元（经典款）不等。所有商品都是非全新的，商家鼓励客户爱护这些商品："想想你租赁的东西是从好朋友那里借来的。"Avelle积极推动它的高端服务——消费者"天堂"，因为"对于手提包成瘾者这是终极的幻想：一流设计师所设计的的崭新包袋直接送到你的家门口"。[20]与此同时，在用户友好型的背后，出现了一种通过尽可能多次出租每个箱包来赚钱的商业模式。为了加速实现这种商业模式，Avelle在其网站上使用排队系统，以便消费者可以看到他们需要等待多长时间才能租到一件特定的商品。

设计服务

租赁系统主题的另一个变化是围绕服装的设计进行发展。不只是销售通过服务来修补或改变的服装，或向用户租用服装及其他纺织产品可以盈利，设计服务本身也可以被销售。通过追踪供应链、隔离关键职能和潜在市场，可以开发出具有可持续性效益的服务。

线上配饰租赁公司Avelle公司在线出租的手提包

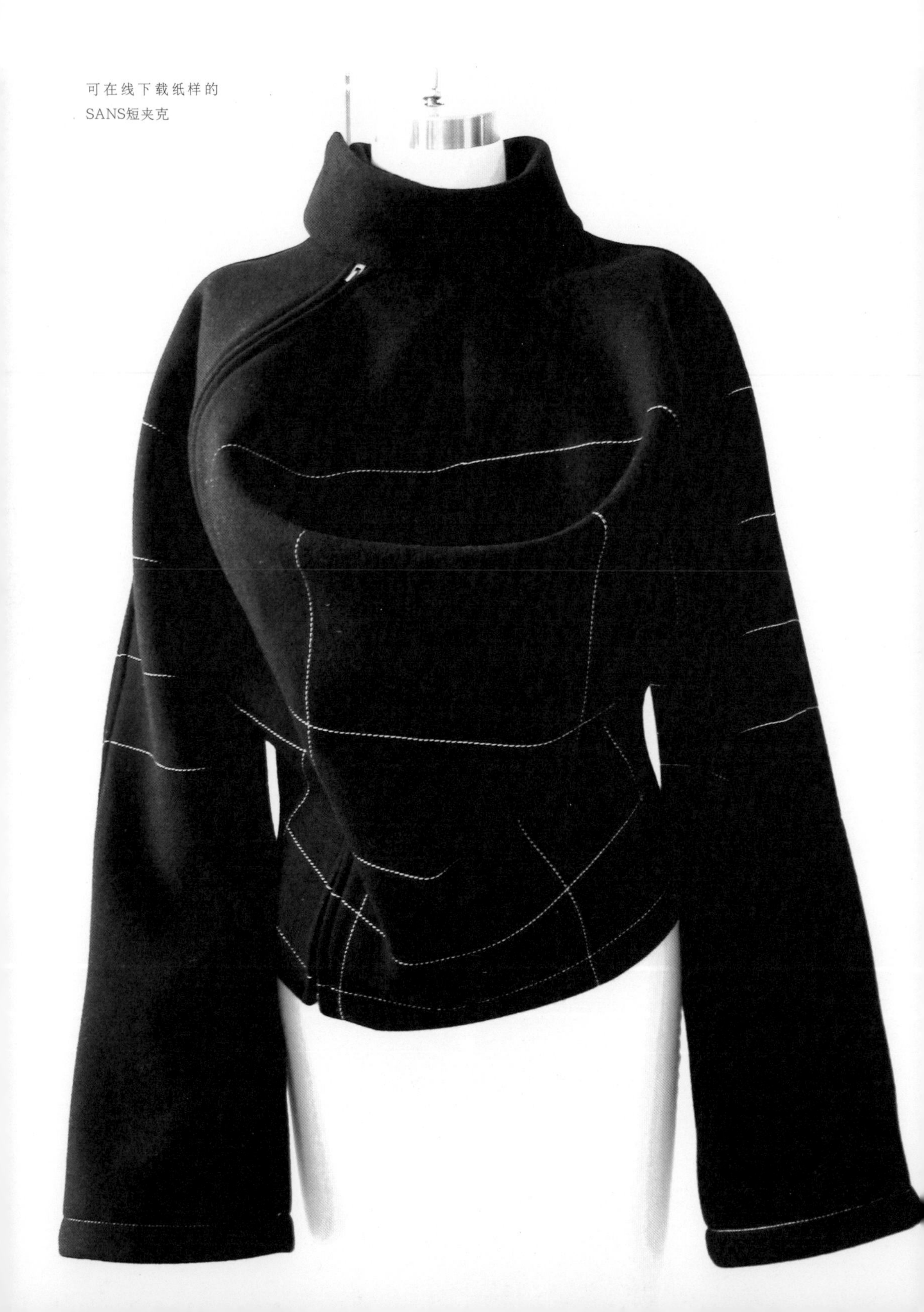

可在线下载纸样的
SANS短夹克

网络的影响

互联网可以使打板师和裁缝直接接触，因此，设计服务就可以与新技术和时尚的流行相结合，在新的方向上推动服装生产的主导模式。例如，服装既可以独立于流行时尚之外，也可以完全融入其中：受到某个时尚杂志形象的启发自我设计，自我搭配。基于网络活动的其他特色，诸如开源式合作设计项目，也在时尚领域中为可持续发展的设计服务提供了机会。在非盈利版权许可下出版服装的设计和版型，使其可以被人们免费自由地使用，这颠覆了时尚的等级、权力性和商业性，这些成果都是有着整体（全球）社区设计理念的时尚作品。从设计师的个人能力出发，设计材料可能就来源于他们手边。缝纫机的使用和快速成型技术的发展也同样为消费者带来更多的产品选择。

除了成衣系列外，美国时尚品牌SANS在互联网上提供可下载的纸样。这些纸样设计适合家庭打印，纸样的部分印在一系列A4纸上，要组装后才能裁剪成衣。该公司的“家庭自制”计划最初推出了三种基本的T恤设计，但现在已经发展到包括当前系列的作品。这些方式模糊了时尚品牌、成衣生产商和时尚服务提供商之间的界限，让消费者与产品的设计过程相接触。正如“家庭自制”系列所述：纸样在纽约设计，而服装在你那里诞生。

经过Junky Styling翻修再造过的衣服

设计服务的其他模式

近10年来，时尚界一直存在着用废旧的垃圾创造服装的“破烂”样式（Junky Styling），其中最引人注目的是男士西装的设计制作。但最近，“衣橱手术”（Wardrobe Surgery）出现在伦敦商店，翻新、定制或简单地改变旧的、不合身或破损的衣服。客户受邀参与到设计过程中，一起讨论对于服装偏好、裁剪，以及合体度的问题，然后对服装进行重新设计和改造，客户还可以指出不合适的地方并进行调整。品牌的核心业务因此得到扩大，并通过改造现有服装提高了收入。

第10章 地域

“良好的地方经济是从内而外形成的。”

——温德尔·贝瑞（Wendell Berry）

大多数现代商业制品的来源已经非常国际化，每个加工步骤和材料成分都基于最经济化的生产路线。虽然直接成本与服务、可靠性、产品质量和零售时间等方面息息相关，但从经济学上来看，其本质是生产与分配的逻辑关系。这种逻辑下的底线成为激励人们选择在哪里生产服装的最有力因素。但是，这种因素没有考虑到环境、社会群体和文化的连锁反应，传统经济学也仅仅是将这些影响视为公司活动的“外部”成本。

许多评论家认为，在经济学逻辑中，经济驱动下的全球化生产和分配才是导致不可持续的关键。因为全球化时尚系统的庞大规模及其匿名的特性使我们无法了解其对社会和生态的影响。缩小活动规模会改变材料、地域、个人、群体和环境之间的关系。当在一个地区建立一个工厂时，这里的雇佣工就成为了我们的邻居。因此，当地方性企业开始兴起时，我们可以发现该地区群体氛围的变化，也可以更容易地检测出水或空气质量的影响，并通过群体监测来提高生活标准。当我们直接与发展中国家的工人和生产者开展长期合作的时候，能够亲眼见证我们的贸易对他们产生的积极或消极的影响，以此合理地调整我们的工作。

改变时尚生产的规模和位置

当然，要改变时尚产业的活动规模并促进生产更贴近市场（主要是在富裕的北方地区）还是会产生较为复杂的影响。在本地采购服装这一举措将会降低商品运输成本，创造当地就业市场，更能密切控制环境标准，但这不可避免地会破坏其他地区的就业机会。实际上，研究表明，如果纺织品生产中心从亚洲转移到英国，会使很多亚洲当地人失业，致使农业生产成为他们维持生存的唯一选择。[21]但是，有偿工作本身并不是改善海外工人生活质量的唯一指标。相反地，各种形式的改变也可能会带来其他的就业机会，人们将低成本国家的生产视作改善工作和社会条件的一种方式。当工人们能够更好地理解他们在工业系统中的权利时，就能够更多地参与到政治过程中，并随着时间的推移建立自主权，这从根本上改变了供应链的文化和社会价值。

在洪都拉斯，环保品牌“玛吉的有机物”（Maggie’s Organics）建立了工人所有制的合作机制，它是十多年前在生产者组织的协作和参与下建成的。在阿拉巴马州的弗洛伦斯，由阿拉巴马·查宁（Alabama Chanin）主导的合作伙伴关系也是从当地的需求和资源演变而来的。这样的模式出现在当地的区域内部合作中，而不是从外部强加进去的。因此，它们多样的类型和结构为生产和销售提供了多种选择。

地方材料

材料在地方议程中起到至关重要的作用，它们将产品与地区、植物种类或动物品种联系起来，并从小做起，抵制主导全球化生产系统的抽象“货物流动”。正如在食品行业中，家庭式种植与大规模的农业生产之间会产生价格竞争。在美国，棉花种植的农场数量从I987年的43000个下降到了2002年的25000个，而同期棉花农场的规模却平均翻了一番。[22]为了应对这一总的趋势，一些农民已经开发出了在当地市场价值更高的利基农作物：传统的、地域的、有机的，且“捕食者友好型”的纤维，它促进农业和牧场的多样化，尊重自然生态系统，而当这种纤维进入市场时，在公平贸易和供应链协作支持下也能获得一个公平的价格。

区域工作的挑战

要在时尚产业中利用各种本地纤维，首先要克服一系列现实问题和哲学问题。为了将纤维加工成服装，必须建立一个合适的（最好是当地的）行业，包括能够以小批量生产的系统（因为本地纤维产量都不大），可确保材料来源的仓储物流公司，以及能够将纤维转化成纱线、织物和成衣的设施。这些问题的解决都有着巨大的挑战。因为，当经济学驱使生产远离高消费国家时，工业化国家的区域纺织品基础设施已经受到侵蚀，甚至专业的加工商也难以维持其原本的业务。此外，本地纤维供应需要消费者创造需求来支持其生产，愿意将时尚消费制定为当地可用的产品。在北欧，这意味着羊毛、韧皮纤维或可回收的材料制成的衣服由越来越小的网络专业公司加工，它们的生产设施足够灵活，能够处理小批量生产。在加州北部，这意味着普通羊毛、羊驼毛和一些棉花的组合只能进行手工纺织，因为这个地区没有任何工业棉花纺织机。这两个地区的服装结构必然很简单，由于劳动力成本相对高于全球平均水平，在实践工作中，地方性的服装设计在很多层面上要求创造

马卡的麻质包袋用当地的姜黄染色，并用英国亚麻籽油进行防水处理

性思维。

在英国西南部，麻纤维种植和小规模纤维加工同时存在。设计品牌杜奥·马卡（Duo Maca）已经使用了当地的区域资源，他们用英国的麻制作了一种包袋，然后用英国姜黄染色，用当地种植的亚麻籽油进行防水处理。[23]该产品支撑着当地种植者的生活，也展现了当地所种植纤维的前景。

为地方文化而设计

将地方性发展议程引入到时装业，促进可持续发展，是提高经济弹性、促进文化和审美多样性的潜在转型过程。然而，全球化发展侵蚀了时尚的文化多样性，对建立时尚的文化品种产生了负面影响。不论制造或销售的地区如何，服装造型通常都反映着同样的西方美学。时装设计师在这方面是有着一致想法的，因为他们经常从一个地区获得灵感，并将其复制到另一个可以以最低成本生产的地方。这就把文化因素简化为表面的装饰，削弱了当地的生存能力和传统，加速了市场和产品的标准化。

对于服装设计来说，不是追求“尽可能低的价格”，也不是简单地把异国情调的装饰印在服装上或作为装饰，而是要对产品生产地或消费需求保持敏感度，从而在商业和文化之间寻找合理方案。这需要从地域和历史的视

为全球品牌李维斯设计的服装，用于当地市场（菲律宾），使用当地的材料和谢丽尔·安德鲁斯造型

角，了解当地传统、神话和象征主义的知识，理解颜色和装饰的意义。这种方法利用了地方现有的材料和当地人的技能，有助于将原生态的文化知识应用到产品中。

谢丽尔·安德鲁斯（Cheryl Andrews）探索了将地方文化应用到生产服装上的可能性。安德鲁斯选择李维斯为全球品牌，将菲律宾作为研究区域，就地取材，运用传统的工艺技巧，研究该地区特有的颜色、图案和廓型的意义。由此产生的设计反映了生产地和公司两者的风格。当地的气候也激发了设计师灵感，雨衣橡胶下摆的设计细节可以用来抵抗季风暴雨。安德鲁斯的工作开启了一种新的视觉形式，即一个全球化的公司如何能在生产具有地方文化特色的产品时还能在全球范围内保持一致的形象。当这一概念扩展到其他地区时，这就能够展示地方的多样性和差异性，并重视人、地方和商业的价值。

与当地工匠一起设计

“简单的头脑往往充满了答案，简单的事实也往往被忽略，那就是答案之前需要有相关问题。”

——曼弗雷德（Manfred Max-Neef）

“小心地行走，不折断树枝。”

——华莱士·斯泰格纳（Wallace stegner）

根据地方性来调整时尚活动的规模显然不同于现有的工业规范。拒绝大规模商业贸易中的那种匿名且缺少人情味的交易模式，更重视人性化的交易，使人们了解贸易对生产者、地区和社区的影响从而决定产品的开发。从本质上来看，地区性的设计呈现出丰富与多样性，因为它是通过一个特定区域的技能、资源、历史、人民、传统、社会结构和市场的态度综合而实现的。

与工业化程度较低的国家的匠人合作，可以使上述要素对设计过程产生立竿见影的影响。从表面上看，许多匠人的传统性可能不符合许多工业化国家城市消费者的喜好。而设计师专业的视角恰恰可以跨越文化风格，开发出既能表达工匠的传统，又能适应现代生活方式和目标市场的产品。但要想设计出这种产品，设计师必须谨慎把握手工技艺所涉及的传统与美学，以及商业措施之间的尺度。例如，一些编织匠人可能会因为传统袜子的颜色具有文化意义，而拒绝采纳不同的颜色（更商业化）编织传统袜子的设计建议。[24]对于匠人来说，艺术和经济往往存在于不同的世界，有着不同的目标——一个是精神上的，另一个是凡人世界的。在这方面，设计师则需要特别谦逊，并对这些两者的敏感关系做出协调，才能使市场的反馈与项目预期效果保持一致。[25]

适合地方的美学和就业模式

此外，虽然在发达国家，合作社被认为是工资公平的最可靠保证，但地方团体可能会自然而然地选择不同于传统就业模式的其他就业形式。从家庭作坊到微型企业和私人公司，最成功的企业往往总是从该地区已经建立的社会模式、行为和结构中有机地发展起来的。[26]因此，设计师需要与该地区的匠人直接合作，从双重文化中去衡量装饰效果以及参与人员的期望、现实以及潜力。

以这种双重文化为基础发展而来的设计作品，必然能够呈现出独特的美学，因为它融合了地方装饰品、材料、技术和技能，反映了匠人群体的社会自主性。相比之下，一些劳动型产品往往看上去像是在其他任何地方生产的。从外部引入的产品美学，而不是从内部演化出来的产品美学，会在西方思想和市场需求的“神谕”中对设计师产生依赖。因而，一个身处双重文化的设计师永远应该思考的是：当设计师离开，并且当产品因为市场的变化而不再受欢迎，而匠人对市场的不熟悉也不知道该如何进入市场时，会发生什么？

然而，话虽如此，一个工匠自己的情感逻辑可能是：“愿上帝保佑美国，因为他们让我们知道了糊口和体面生活的不同。”这是亚美尼亚经济内爆时人们所表达的情绪，和其他几个苏联加盟共和国的经济情况一样。究其原因在于当时没有出口市场，可以说根本就没有什么市场。

挑战成见

用这些观点去挑战时尚界和可持续发展运动的一些固有理念，诸如“多消费是糟糕的”“海外生产是糟糕”，和“匠人一起工作是明智的”。这些并不一定总是对的，每一个都需要根据当地情况、时间、经济、政治和文化环境，以及当地的潜力和能力等背景情况，要提出问题、倾听和仔细观察，才能在地方和全球范围内找到答案和采取适当行动。为应对边缘区域经济需求而建立的匠人项目，有着一种不同的创建方式。执行工作时，转移供应链的力量和关系，丰富了工匠、设计师，以及购买商品的人的生活。[29]这样才能够真正地促进经济和社会的变革。

Cojolya协会是一个成立于1983年的非营利组织，旨在保护危地马拉玛雅的背带织机传统。近年来，由于玛雅青年迁移到城市中心工作，背带编织的生存已受到威胁。该协会通过编织提供收入，希望为移民创造经济来源，并保护这种传统工艺。该协会的职能之一是引导产品的开发，以确保其市场吸引力，同时在当地工匠的能力范围内工作。为了保有高标准，该中心为女性提供编织样品，然后让她们带回家完成。在家工作最大限度地减少了工作对妇女日常生活的干扰，同时使她们能够履行对家庭的义务。此外，由于危地马拉这个地区数十年的内乱后的创伤还在恢复之中，Cojolya协会不要求工匠透露姓名或签署任何文件。女人们可以随意来去，选择工作而不签订合同。尽管这些安排与发达国家在供应链中的社会责任和“公平贸易”的概念框架不符，但它们对这个小区域起到了很好的作用。该项目目前雇用了30名妇女，并拥有13名核心成员，她们用编织成就了自己的事业。

上图：危地马拉Cojolya协会的工匠在传统的背带织机上织造现代面料

由尼米施·沙与印度的工匠团体合作制作的裙子

时装设计师尼米施·沙（Nimish Shah）与非政府组织哈米尔（Khamir）在印度的古吉拉特邦喀奇县地区，开发了一系列有机棉手工编织的纺织品。这个非政府组织支持年轻的企业家，以此来确保地方工艺品行业不会消失。哈米尔推荐织工在家工作，协调原料的采购，并确保生产、纺织和航运的顺利运行。尼米施·沙的设计采用了传统的主题，使设计更适合西方化的印度市场，通过色块来呈现一些密集的图案，从而将工匠的技能与现代感融合在一起。

这种亲身体验极大地改变了尼米施·沙的创作过程，在选择原料时已准备好替代原料，建立缓冲线以确保生产交付，这对于项目的成功与良好的设计同样重要。将布料推向市场也使尼米施认识到，支持手工业的企业与那些仅为劳动力而使用工匠的企业之间的差别。虽然近年来对生态型、社会型的材料和产品的兴趣增加了对手工产品的需求，但以快速反应为主导逻辑的市场仍然盛行。尼米施指出，许多公司和他们的买家只追求好的设计文案，而不愿将时间投入到工匠们对产品的精心制作中。意识到这种工作与工业化生产之间的差异，他指出：“你不能因为困难而忽略某些东西。”

第11章 仿生学

“重要的不是要把我们的人为模式强加于自然并改变它，而是要认识到人类的智慧永远都无法超越大自然。”

——温德尔·贝里（Wendell Berry）

近年来我们已经认识到守卫自然系统已不再是单纯的利他主义行为了，因为是大自然“孕育并滋养”[30]着我们的社会和经济，并为我们提供了物质和精神上的支持。仿生研究所的创始人亚尼内·班亚思（Janine Benyus）认为有太多的理由需要我们去保护好环境，因为在这个生态危机不断产生、资源日益减少的时代，大自然为我们提供了许多的思考方式，以解决我们的生存问题。仿生学是一种模仿自然模式的实践活动，人们从生物世界获得灵感并指导产品设计、加工和制定方案。[31]班亚思将原生态的自然世界与人类改造简化后的以及物种被破坏后的自然进行了对比，从中认识到向自然学习并保持思想的源泉唯一的方法就是保持它的自然特性。[32]仿生学的研究在激发设计师思考这方面的问题上有重要的意义。它远远超越了我们工业化设计和知识的局限，也让我们意识到面对当前的环境，作为设计师的身份，尽管在整个系统中角色虽小，但责任巨大!

仿生学的实际应用

受自然启发和敬畏自然虽是一回事，然而要实际应用这些却是一个很大的挑战。生态学家斯图尔特·布兰德（Stewart Brand）是《全球概览》的创始人，他评价了仿生学实践存在的局限性，并指出人类要很精准地模仿自然是很困难的。这是因为，自然过程是永恒进化的非理性的产物，而不是一种设计。[33]为了快速实现这种仿生设计思想，品牌通过更多的人为干预来补充自然设计。以飞机为例，飞机的设计实际上是借鉴了鸟翅膀的形态，并通过人类发明的螺旋桨的加入，使人类飞行梦想最终得以实现。

自然界的进化过程是非理性且自发的，它可能需要几千年的进化发展，这对设计师们来说是一个具有挑战性的概念，因为我们的工作期限很短，并且在生产前就把我们的设计“锁定”了。但是，多莉拉·麦德斯（Donella Meadows）引用分形几何的原理，为上述问题提供了一个有效的视觉比喻。麦德斯解释道，以等边三角形为例，当另一个等边三角形被添加到每一边的中心时，图案重复，就会形成一个复杂的图形——即“科赫雪花”（Koch snowflake）（下图）。麦德斯指出，从一些自组织的简单规则中，技术、物质结构、组织和文化的巨大多样化集合体可以增长——人类自身也是如此。

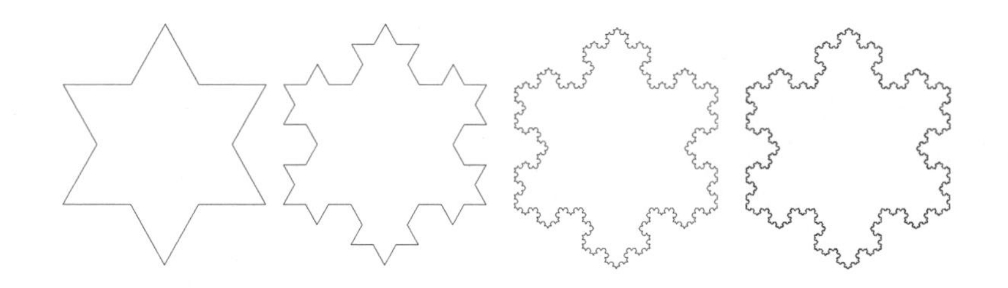

“科赫雪花”阐述了一组简单的组织原则或决策规则所能产生的微妙而复杂的模式[34]

不只是模仿自然的工具

“科赫雪花”有助于我们理解为什么模仿自然进化的复杂性是很困难的，但这也说明了仿生学不是简单的复制工具，而是要我们理解和遵循自然的法则——如果找到它的核心就出乎意料的简单了，这点非常重要。目前市场化、快速反应和低成本的要求下的设计“创新”，设计师们很容易就能利用仿生技术来满足制造和销售新产品的目的，但忽视了环境问题。班亚思的基本准则可以为设计师提供一种方法，用来评估他们自己的想法和行动，使其保持对生态效益的关注。这不仅仅是为了提升品质，而是要注意这些想法在整个系统中的“适应性”。

自然作为一种模式——自然作为设计和处理人类问题的灵感来源。例如，受树叶启发的太阳能电池。

自然作为一种衡量标准——自然是用来判断我们的创新是否“正确”的生态标准。例如，考虑到太阳能电池板在生产中使用了多少能源、什么类型的能源，以及在使用过程中是否节省了能量。

自然作为指导者——以新的方式观察和重视自然。这体现了一个新的时代，即我们可以从自然世界中学到什么，而不是可以从中获取什么。例如，应用太阳能技术时，可以将其安装在使用点附近，而不是把沙漠荒野地区发展成太阳能电池板工作区。

这不仅是将自然作为模型，而且也是将自然作为检测和指导的手段，使仿生学的转化潜力真正得以完全实现。

我们将如何制作纺织品？

在时尚中基于可持续发展的仿生设计技术与大多数举措相同，通常以物理材料为中心：如织物、工程纤维、表面和装饰的增强。但是由于这些技术的开发通常需要物理或分子工程，这些技术创新常常诞生于技术性大学或功能性织物生产商的实验室。因此，时装设计师常常会因没有参与仿生技术创新而沮丧。

这些低落的情绪正说明了设计师们只在工作室里工作去满足产业的需求的习惯已经非常陈旧，缺乏创新。在这种实践方式中，设计师很少能够与科学家和技术人员进行互动，学科间鲜为人知的领域未被探索，跨学科合作的协同效应也仍未实现。要打破这些旧有的工作模式并不容易，行业中各自分散，专长相对孤立，但仿生科技和创新产品一样需要更多开放性的路径和方式。对于设计师来说也应当是“复杂的生命有机体，在一个充满活力和多样性的环境中进步并发挥积极的作用”。[35]

打破孤立的实践模式

发明家和企业家尼克·布朗（Nick Brown）受到树木蒸腾作用的启发，他发明了一项专利技术，开发了一系列技术性纺织品，同他想时联系一些公司来批量制造它们，但没有找到合作伙伴，为此他创办了自己的公司Páramo，现在专门从事“智能面料”的开发（见第79页）。其中一项专利TX.10i弹性体，涉及改变和加强矿物蜡的分子结构，将它典型的脆性改变为伸缩性和弹性，这种弹性体被称为Nikwax，它能够黏合到任何不防水的物品上，使其产生防水效果，同时在纤维之间留下空间，使之能够透气。除了提供防水性外，这项技术还会吸附皮肤附近的空气，将水分从身体中带走，同时防止外部水分进入，从而使面料与海豹、水獭和熊的皮一样防水。但值得注意的是，该织物可能永远不会上市，因为，创新者在保持不知疲倦的创业精神、提升技艺的时候，可能无法兼顾与不同背景的人合作，像这种需要跨部门合作来提升品质的工作，跟自然系统一样。在这一点上，大自然是我们的导师。

跨部门协作

当市场需要研究人员开发某一产品时，也可以建立跨部门桥梁。例如，英国巴斯大学和英国雷丁大学的仿生技术创新的案例。[36]根据国防部的一项合约中提出尽量减少在沙漠环境中服装的辎重的要求，研究人员着手设计研发一种织物。运用该织物制作出的沙漠服装，能够让穿着者无论是在炎热的白天还是寒冷的夜晚，都能较好地适应沙漠的温度。研究人员从松果的开合过程中找到了灵感，他们发明了一种技术材料，能够适应穿戴者活动以及空气湿度水平。由此开发出的纺织品由两个黏合层构造而成，最上面的一层是微小的羊毛尖状物，它的宽度只有一毫米的百分之二。当穿戴者出汗时，微小的尖状物会对水分产生反应，并自动打开，让外界的空气通过材料来给身体降温。当穿戴者停止出汗时，这些尖状物再次关闭，以防止冷空气进入。无论尖状物是否打开，下面的防水层会阻止雨水和湿气的进入。

受植物的蒸腾作用和树木的蒸腾作用所启发而设计的Pάramo的夹克

除了使用“自然模式”并从那些特殊物种的功能性中获取灵感进行服装创新设计，仿生学要求我们更广泛地向大自然的运行系统学习，并在生产系统和商业模式中探索机会。举例来说，一件受仿生学启发而设计的服装可能会具备多种功能（防水、保暖和透气）。例如，在满足军事人员在沙漠中需求的同时能够减少服装的层数。但是，大部分穿戴者并不会遇到这种极端的温度变化。因此，日常服装需要被更好地分层，并拥有时尚的外观。但如果仅仅将技术作为噱头，那么消费者可能就无法关注到仿生服装背后的核心用途。自然的逻辑永远不会允许这种做法，因为这是对资源和能量的浪费。此外，当销售公司的商业模式是以量取胜时，公司可能会无视其他的元素，仅把仿生学这种新奇的设计点作为销售亮点推销给消费者。只有面料和产品开发、生态、商业动机和消费者的行为必须共同进化，这样才能获得最优的可持续性收益。如果仿生学所激发的设计理念（自然为模型）是在忽视自然为尺度、自然为导向的人为的环境中产生的，那么仿生学的真正力量和潜力就会被削弱。

我们将如何生产？

当前的工业将自然资源转化为产品时，几乎没有考虑到对社会和环境的影响，而是让产品尽可能快速且廉价地进入市场中。这种商业模式的基本经济指导是扩张和增长，即提高劳动生产率，加快市场运转，促使消费者购买更多商品，从而维持和增加这一商品流动。据估计，在美国经济体中，只有6%材料最终成为了产品。[37]

设计商业和生产系统来模拟自然

亚尼内·班亚思用生态系统的演化模式来描述商业的发展阶段，这个比喻生动形象地让我们了解到隐性的公司运作模式。在自然界中，上述工业场景可以看作是“第一阶段”的不成熟生态系统。在这一阶段，典型的机会主义和入侵型的物种占主导地位。由于阳光和土壤中的养分都很容易获得，所以第一种物种的成长是线性的，它们贪婪地消耗资源，留下废物，并且迅速地占据新的区域。它们繁殖迅速，不会花时间去处理或循环资源。然而，它们的排泄物会使土壤肥沃，并为第二阶段的“继承”物种提供机会。这些植物大多是多年生的植物和浆果灌木，它们能产生较少的种子，并为更精细的生长提供根和坚实的茎。最后，第三种类型的物种，如树木开始发展起来。它们是效率的大师，从生态系统中获取到超出它们所投入的回报。它们产生的后代更少，寿命更长，与周围的物种形成了复杂的协同作用。它们把精力放在创造和优化共生关系上，而不是一味地迅猛生长，它们无休止地处理各种材料，几乎没有浪费。[38]在一个资源不断减少、人口增长有限的世界里，仿生制造的最终目标是建立一个在动态平衡中运行的经济、企业和制造系统，就像复杂的第三阶段生态系统一样。

周期、循环和贸易以新的方式聚集

在生产过程我们也在模仿着一个复杂的生态系统结构，设想一个没有垃圾处理场、烟囱、排污管的系统，取而代之的是产业的聚集以便使废弃物（材料、热量、水等）被轻而易举地转化为另一个的资源，以零排放的方式不断循环。

然而，公司向第三阶段转型常常不是件容易的事情，原因是已有的信息“库存”和工作方式需要时间来改变导向和目的；[39]与其他公司建立联盟和合作关系也是至关重要的，但它与常规的时尚产业文化背道而驰；建立信任和重新定义新的业务边界也是需要时间的。为了实现这一变化，逻辑上的第一步可能是在内部建立周期和循环系统，这样就能够容易地测试和观察到优势和挑战，并根据需要重新调整工作机制。建立外部伙伴关系网，与其他公司和行业合作，分别建立中期与远期目标以形成一个连续的变化。一旦建立了新的基础设施和工作模式，利益就会显现出来，产品开发系统被优化，并且形成一个具有更高的效率和更强的创新能力的新商业模式。

例如，制造商Pratibha Syntex在印度中央邦的工厂里，在一系列的纺织品回收计划中调整了自己的业务。包括设计新产品，并建立一个纺纱工厂，将其纺织废料加工成可再生的纱线和服装。新产品举措非常成功，公司不再生产过多的废物，从而可以充分利用其可再生的纺纱业务。对于回收材料流程中的“间断”，Pratibha最近与全行业生产废料的外部来源联系起来，补充了自己的物料流，并跟进其回收的纱线销售情况。

转变思维模式来推动创新

更引人注目的是，Pratibha回收计划的成功推动了公司内部的心态转变，即从最大限度地提高产品产量，到最大限度地减少材料输入和优化资源的生产效率。将创新集中在减少浪费的各种方式的实践上，并能够开放新的市场以容纳任何剩余材料。这就催生了一些前所未有的创新，例如从一开始就把这种浪费作为一种新的设计。为了适应回收和新产品开发的业务转移，该公司创造条件去适应每一季回收再利用产品需求的变化。同时，测试了新增的产品品种和市场为整个企业带来的效益，增加了跨行业部门的灵活性，也提高了该业务长远的应变能力。目前回收产品占到该公司产量的2%，但预计在未来3~5年的时间里，这一比例将达到20%。[40]

从Pratibha Syntex的新方法中脱颖而出的一项创新是一种低损耗裁剪的服装。这种服装被称作“网形上衣”，它是由管状针织衫做成的。在缝合时，平行于侧缝进行垂直裁剪，形成袖子和衣身。然后在袖口上下方向重复平行的撕裂，然后将其相互环绕编织，形成大块的纹理。这个循环动作把针织面料向内拉，形成了服装的育克和肩部线条，而剩余的边缘部分则形成了领口。

Pratibha制作的“网形”针织衫。由一根简单的管状针织材料制成且无浪费。“第一阶段”公司制作

材料从源头到市场的线性流动，30%的浪费（Pratibha Syntex 2009 ）

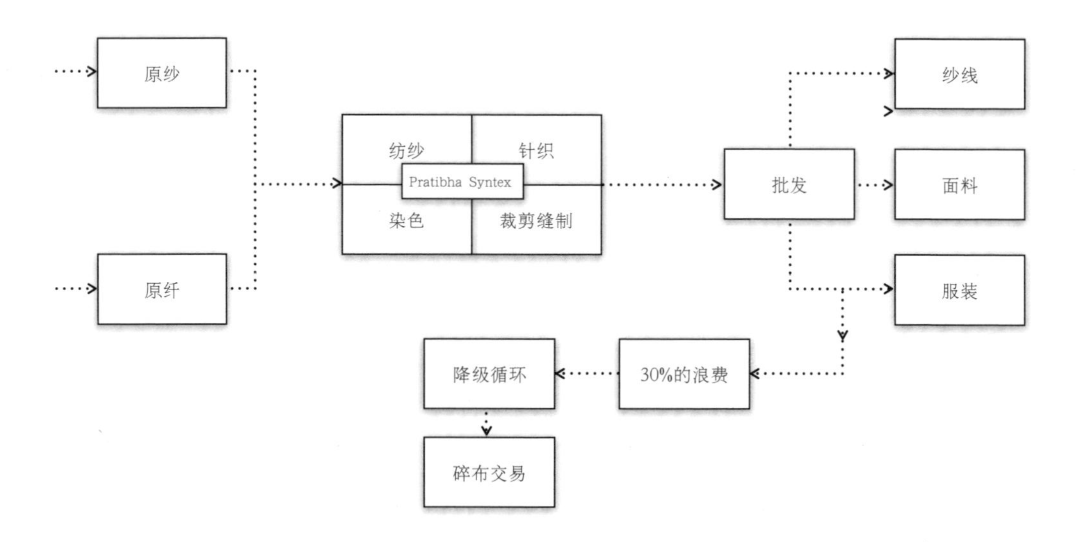

循环再利用减缓原材料的流动并开拓新的市场

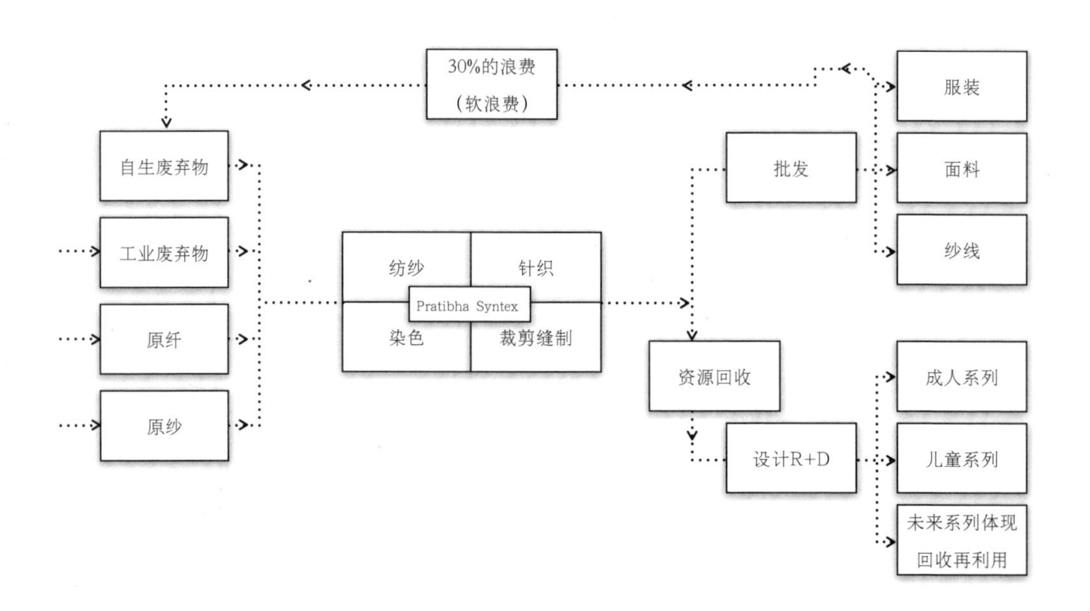

我们将如何开展业务？

"设计思路可以重塑生产过程，甚至改变整个商业结构和逻辑观念。"

——保罗·霍肯（Paul Hawken），艾默利·洛文斯（Amory Lovins），亨特·洛文斯（Hunter Lovins）

如前所述，产值不断增长的经济社会中，一家公司的基本原则是实现利润最大化。这个基本的出发点指导着这个组织机构和每个员工的行为，包括设计，以及从采购、供应链运营到员工薪资和总的实践活动。其重点是使成本下降，同时推动销售。只要有可能，商业的成本就会外部化并有效地传递给社会。根据汇集的公司股东的财务报告显示，恢复退化的环境和提供失业救济的成本由政府承担，由税率和税收支持，其结果是公众会降低商业活动的成本。[41]

私营部门对经济利益的关注高于一切，导致在设计过程中要重视社会和环境因素就变得困难。因为，如果丰富环境资源和消耗环境资源这两种手段对所获取的收益并无显著差异的话，[42]那么，最直接的选择就是低价路线。因此，"可持续性"的产品开发因为看起来要更贵一点而被否决，虽然从长远来看它们是可以节省成本的。对于设计师而言也是相当的困难，因为一个有社会责任感的公司在与其他缺乏社会责任感的公司竞争时，要将成本内部化难度要大很多倍，毕竟是竞争对手设定了市场价格。

更广泛的价值观

虽然如此，随着经济向可持续转变，人们正在用越来越多的方式展示一套更广泛的价值观，而这些价值观通常不会被私营部门所捕捉到。传统上有竞争力的公司之间已经达成合作并针对系列问题制定行业广泛应用标准，这些问题从供应链的条款到纺织加工过程中资源的管理都有所涉及。现在，有几家公司将部分销售收入捐赠给非政府组织，支持公益活动。更进一步的公司将社会和生态目标整合到员工的工作说明和绩效标准中，从而推动企业文化的根本改进。社会责任股东和诸如"As You Sow"这样的组织正在影响着投资者去引导公司不再将获取利润作为单一的目标。可持续的产品线开始将商业实践中的一些环境成本内化，并通过零售向消费者表达货币交易之外的价值观，从而开始影响主流文化观念。

影响时尚主流是可持续发展的最大挑战之一，也是其最大的潜力之一。时尚几乎触及了每个人的生活，是日常生活中改变思想、态度和行为的有效工具。因此，户外公司巴塔哥尼亚正与零售商沃尔玛合作，为可持续发展的行动和战略提供指导。这种不太可能的合作关系对双方都有利，很显然，巴塔哥尼亚在过去20年实施可持续发展项目的经验和专业技能，加速了沃尔玛对相关内容的学习。沃尔玛的规模和购买力也可以让这个企业更快速、更广泛地发展。事实上，巴塔哥尼亚看到了沃尔玛的可持续发展的行动力，并认识到可能从中获得的间接收益，诸如全行业内获得低污染的面料和工艺技术。

不同的商业逻辑

虽然这些成功的案例开始将现有的企业和经济引向可持续发展，但不同逻辑的新模式带来了不同的商业行为。利润不是为了增长而强调增长，也不是为少数股东积累财富，将利润再投资以创造收入，其目的非常明确，就是使越来越多的受益人增加收益。已经有几个商业案例，是关于积累财富或在所服务的地方社区中增加有益的产出，[43]例如在社区银行、农民经纪人合作社、雇员所有制企业、社区支持的农业实践等方面都有体现。这些为所有行业，包括服装行业都提供了应用模式。

就像社会和环境价值观逐渐渗透到私营部门一样，企业的效率和企业家精神也在影响着非营利部门。例如，好意公司通过寻找机遇来拓展新市场以平衡他的社会慈善核心目标。作为一家服装商店，该组织现在开始回收各种各样的物品，从二手书到鞋子和珠宝、废弃的电脑和电子产品等。对在A、B和C商店中销售最好的产品的分析，与传统时尚行业的跟单系统非常相似。但是除了为社区提供有效的资源和修缮服务之外，好意的双重能力也为旧金山海湾地区的一些人群提供工作培训和就业岗位，否则他们将面临各种各样的困难。例如部分人因身体残疾、无家可归、牢狱之灾以及对福利保障的长期依赖而无法就业，好意公司超过85%的收入被用于培训项目和服务，满足着各种客户的需求，从过渡性就业和计算机文化，到卡车驾驶课程和英语技能。该组织还帮助首次非暴力的毒品犯罪分子，为他们提供识字技能培训，学徒培训，法律、健康和家庭咨询服务。

一名工人在旧金山的培训项目上工作

真正的财富

在这个商业模式中，没有爱恨的关系，也没有商业目标和社会环境目标之间的价值观冲突。业务增长越多，就会有更多的人与环境受益。此外，随着该组织的发展，它还能够降低失业率和环境清理成本（即土地成本）。这种关系创造了大卫·科腾（David Korten）所说的“真正的财富经济”，[44]并将自然作为良师益友。商业与社会环境的良好结合也许是好意公司成功的最好佐证。除了在资产负债表和利润损失声明中所列的内容外，他们还跟踪和评估服务人员的数量、受益的人数、获得的平均工资，以及从土地上转移的货物数量。[45]

第12章 速度

任何活动都有着一定的节奏或速度，或快或慢。快速生产以及销售廉价而同质化的服装已成为如今商业模式的主流。增加每季的库存数量、缩短供应商工厂的交货时间、缩短设计的时间、通过陆运或空运而不是海运来运输库存商品，这些追求速度的反应和运作并不是时装生产和消费的必要特性。相反，在当前的市场和经济体系下，时装生产消费的目标应该是不断扩大规模。提高市场运营速度只是实现这个目标的一种途径。这种追求速度的运作给纺织供应链的每一个环节都施加了压力，压低了每一个环节的价格，从而使其陷入了恶性循环。各行各业相互竞争以争夺业务，农民之间、工厂之间、零售商之间都形成了一种消极的活动状态。正如温德尔·贝里（Wendell Berry）所说的那样，[46]这种“竞争经济学”虽然发展了技术方法，却也使人和自然资源的付出都超过了可承受的极限。

将设计快速推向市场，有利于公司在市场竞争中抢占先机，并增加更多的销售机会。因此，快节奏的时尚活动会使服装的生产量和销售量得到提高。同样，增加店内销售库存的更新频率（例如，通过在每个季节引入几个小系列），利用消费者对新颖性的渴望，也能够使得销售额增长。虽然饥饿营销会使时装产业的发展速度加快，但实体产品不断增加的产量不可避免地带来了资源效应，也就是说时尚产业对自然材料和劳动力的需求增加了。这种状态对生态系统和工人们造成的影响挑战着时尚界的可持续发展。

迄今为止，时尚公司在对待生产的可持续性影响方面大多采取提高资源效率（最少投入效益最大化），在越来越庞大的劳动力队伍中推广良好的劳工策略，以减轻日益扩张的商业规模所带来的不利影响。这些策略也许是积极性的，但实际上它们可能受到效率规模和良好劳动实践方法大众化的效果限制。在经济持续增长的背景下，运行机制既要保证可持续发展的效益，也要不断地提高效能。

速度的问题意味着经济学的问题

然而，时尚产业的节奏并不是固定的，许多拥有“更好”资源的时尚活动有着不同的速度也都是可能的。但要调用它们，就意味着时尚产业的基本模式需要改变，在提出关于速度的问题时我们还必须提出关于经济学的问题，因为它们是一体两面的。当然，改变现有的做事方式也会激发一些抵触情绪，尤其是当下的做法往往会制约我们对未来的畅想设想。就好比火车轨道限制了人们对其运行路径的想象一样，现有的经济模式将我们限制在关于时装企业运作方式的特定想法上，我们需要对基础设施本身进行重新思考。

稳态经济学

30多年前，作为经济学家兼作家的赫尔曼·达利（Herman Daly）提出了一种非物质增长的经济模式，他将其称之为“稳态经济学”。[47]经济发展中优先考虑的是保持资源的稳定水平（由生态系统的再生能力和生产过程中产生废物的能力决定），而不是忽视生态系统的能力去追求扩张（见下图）。毫无疑问，这种模式意味着运用与当今时尚行业截然不同的方式来实现速度，但需要指出的是，由于经济仍将在质量上而不是在物质或数量上自由增长，因此该转变不是以发展为代价的。这一目标上的转变有可能在根本上改变时尚行业可持续发展的格局，并带来无数的可能性。在这个新的经济模式中，节奏或速度并没有被锁定在资源使用的“快”或“慢”上，而是灵活地去适应各种不同的需求，这为变革提供了一个完全不同的起点。

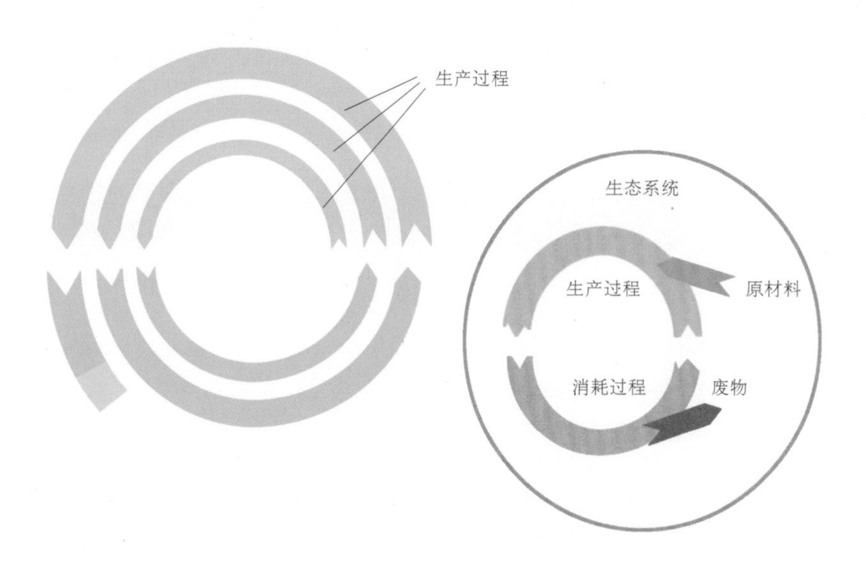

日益增长的生产和消费周期（达利，1992）。这样的观点会鼓励一种最终使得环境紧张的经济产生。

“稳态经济学”考虑了生产和消费的周期，考虑周围的生态系统，并试图达到平衡（达利，1992）。

快速

快时尚已经成为特定时尚产品和零售环境的代名词，这一切归因于消费者对物质消费永不满足的需求，以及服装技术的进步缩短了服装供应链的时间。用电子设备跟踪销售，并将这些数据与供应商工厂联系起来，根据需求灵活地安排生产日程，保证流行产品的货源充足，计算机辅助设计与适时的制造方法交互作用，这些都使设计草图能够在短短三周内就变成一件成品。高效率意味着我们可以做更多的事情，同时它也会产生更多的影响。与其他行业一样，在时尚界，增长模式的成本影响主要体现在公司之外，如社会、工人和环境。由于环境污染，资源枯竭和气候变化，产品的成本受到了影响。大型零售商和全球品牌利用它们的经济实力和规模挤压了雇主的价格和订单数量，这些问题在服装工人微薄的工资、临时雇佣合同和无偿加班中体现了出来。大型零售商和国际品牌的服装被认为缺少选择和变化，因为低价位的大卖场零售商创造了一种廉价、批量购买的销售模式，迫使小型生产商无法单独在价格上竞争而停业。在生产纤维的农场和牧场里也有着同样的情况，那里的土地因过度使用化肥或过度放牧而退化，使得那些无法单独参与竞争的农民家庭被迫放弃土地种植。

时尚业的快速有着更加深层次的原因

近年来，大量的报纸专栏都在讨论快时尚，但这些专栏几乎都未能从更加广泛和更深的层面来剖析快时尚产生的影响。当然，他们也谈及了快时尚的不良影响，但他们提出的解决方案也只是对现状的延伸或者说改善。例如，他们建议用一种环保型纤维来替代现有的纤维面料，其数量可以不断增加，同时也能维持现有的经济偏好。虽然将普通纤维转变为有机纤维可能会给农民带来直接的利益，从而缓解一些快时尚在供应链中某些环节所产生的负面影响，但它却未能解决快时尚在整个社会和生态系统中长期累积的问题。因为这些负面影响是普遍存在于行业经济模式中的。时装行业表现得越好，这些负面影响就会越严重。它们不是失败的症状，而是成功的征兆。因此，谈论快速时尚的可持续性影响而不批评商业惯例，只是表面上对其进行处理，或许根本就没有效果。出于同种原因，在探讨快时尚的矫正方法，即慢时尚时，若不把它与一套改变的（支持可持续发展的）经济优先事项和商业惯例相对照，就无法从文化层面上深刻地体会到慢时尚的本质。

快与慢的互补

自然界及其系统以及过程是调整这种结构的灵感来源之一。速度，包括快的速度，都是自然系统的一个关键特征。例如，人体可能会在86岁时结束生命周期，但呼吸每隔几秒就会循环一次。了解速度所产生的环境、机制和适当性，就能够以替代的视角探索时尚业中的一些新做法。在发展的最初阶段强调平衡和快速，这与时尚增长模式的现实形成了鲜明的对比，后者将快速视为一种永久性的商业模式选择。从本质上讲，快速的目的是为了推进整个系统，而不是将快速作为目标本身。快速和慢速的结合有助于促进短期的活力和长期的稳定性。慢速的调节系统内部有着快速运转的组件。一夜之间就可以制造出的一次性可回收鞋子，体现了设计对自然速度和使用节奏的平衡考量。这些鞋子是由可重复使用的螺丝和6个铝铆钉将可回收聚丙烯材料固定而成的，鞋子可以被拆分为片状物，且易于组装，从而最大限度地减少了包装和运输的成本，同时也确保了价格具有竞争力。这些鞋子被设计成能够利用现有工具回收的产品，尽管在使用方面它们是“快速的”，但完全依赖于一个“缓慢的”回收系统。

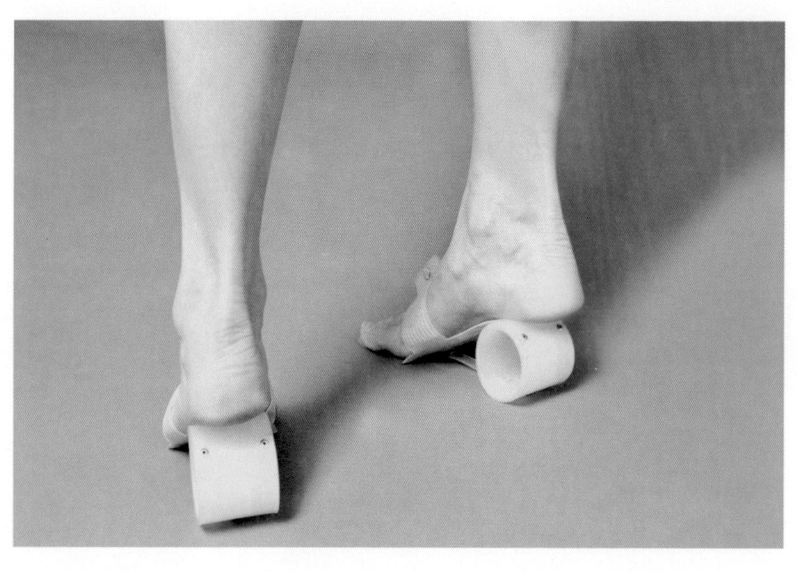

Stephanie Sand-strom的聚丙烯材料鞋，可以快速组装并充分回收利用

慢速

在同类食品行业中，由麦当劳所代表的快餐连锁店已经被当做一个标杆，这表明经济中某些占据主导地位的模式正在使得社会消极，而不是更繁荣。同样，在时尚产业里，低成本、同质化和“大批量”服装上的预算，在英国的服装市场中增长了45%（是其他服装市场的两倍），这也引起了人们对社会和环境“财富”的质疑。低廉的价格改变了购买和穿着习惯。因为服装几乎没有什么价值，人们经常购买衣服，但很快就将其丢弃。织物的质量也很差，这类服装往往不耐洗，因此需要不断地更换。快速变化的趋势使无限的需求得到了无限的生产供给。在这样的大背景下，受到慢食运动的启发，一场提倡缓慢的文化和时尚价值观的运动也在渐渐发生。1986年，卡罗·佩屈尼（Carlo Petrini）在意大利建立了慢食文化，并将食品的乐趣与其生产意识和理念联系起来。他试图通过反对品种和口味的标准化、倡导消费者多样化的需求，来保护文化和地区的烹饪传统和农业多样性。虽然慢食运动是对快餐文化做出的反应，但它很快就站在了它的对立面。同样地，时尚界的慢动作不仅仅是剔除快速时尚消极的影响部分。“慢速”并不是一个简单的节奏描述。相反，它代表了一种不同的世界观，指的是一套连贯一致的时尚活动，以在生物物理范围内促进时尚的多样性和文化意义。缓慢的时尚需要改变基础设施和减少货物产量。慢时尚文化并不是要“让普里马克（Primark）提高价格”，也不是要每年才发布一个新系列，而是代表了当今行业显而易见的阶段性，与快速（基于增长的）时尚的价值观和目标的背离。这种行业的愿景是从不同本质的起点上建立起来的。

慢时尚的价值观和关系

小规模生产、传统工艺技术、当地材料和当地市场等慢时尚概念，为上述问题提供了一套应对方案（见右页图）。它挑战了快时尚的大规模生产和对全球化风格的追捧，成为了多元化的守护者。它对于增长型时尚一味地强调“新”产品和外在形象，而没有制造和维护实际的物质服装提出了质疑。慢时尚也改变了创造者和消费者之间的权力关系，并建立了新的关系和信任，这种关系只有在小范围内才有可能实现。它在设计过程中促进了对资源流动、工人、群体和生态系统影响的高度认识，使服装价格反映了真实成本，促进了时尚的民主化，不是机械化地卖给人们更便宜却同质化的服装，而是提供更多的体系选择和技术控制来影响他们的生活。

简述快速和缓慢的不同方法

快速理念	慢速理念
批量生产	多元化
全球化	地区性
具象	自我感受
新	制作和保养
依赖关系	相互信任
无意中影响	与影响联系紧密
基本劳工和材料的成本	包括经济和社会成本的真实价格
大规模	中小型规模

互联网公司Betabrands是一家以不同方式打造商业模式的公司，该公司的业务模式与增长型时尚行业有本质上的不同。传统“长尾”（Long Tail）的商业模式是：将焦点从相对较少的主流产品及市场转向大量的利基市场。而Betabrand只在网上销售，因此节省了开支。它每周推出一款新产品，比任何传统的“快时尚”公司都要快得多，但关键的问题是它只推出一款产品，而不是一个系列。如果能达到100件的最低订单，该公司在售出25件的时候就会达到收支平衡，当所有100件售罄时，同种风格的产品就会停产。在市场的终端，快速地在每周二中午在网上推出新款产品，同时为了响应客户需求，该公司通过“大众外包”和快速反馈方式进行产品开发。但由于生产上的限制，材料的数量和流通仍然是缓慢的。而令人意外的是，有限的经营方式提高了产品的价值和情感持久度。Betabrand已经成为了旧金山反对快时尚文化的标杆。

另一家利用其速度来塑造商业模式的例子是英国的Keep and Share公司。它的设计理念是创造出一种能让人熟悉且非传统的优质产品，与客户合作时促使他们购买少量却更特别的产品，并使产品更加耐用。这个原则唤起了一种优雅而缓慢的理念，它强调了衣物分享者之间的友谊，并探讨了人们对亲密关系的深入了解。

左图：Keep and Share公司的针织服装

右图：玛丽·伊尔思用缓慢的速度来制作针织服装，以此向人们展示其设计过程

玛丽·伊尔思·博格拉斯（Marie Ilse Bourlanges）的Decay项目为我们提供了一个以缓慢为设计点的例子。她所设计的8件针织服装记录了过去行为的痕迹，它们的表面图案体现了对身体自然运动的深度研究结果。她用一个碳纸材质的外套来记录使用和身体运动（如挤压、弯曲、摩擦和拉伸），碳纸会使这些痕迹留在内部穿着的白色衬衫上。衬衫上的转印痕迹形成了一种图案，使服装表面出现一系列复杂的线条。最终的产品虽然是全新制造的，但随着时间的变化，通过衣服纹路的变化可以直观地看出人们日常生活中一些个人的且不被注意的活动。

第13章 需求

以增长为驱动力的传统经济模式促进了人类对创新的渴求，这些方式既自然又合乎情理。然而，人类不断变化的欲望很容易受到商业操控。不断增多的文化信息充斥着我们的日常生活，同时也干扰了我们的认知。所以，我们要通过层层的商业细分来区分实际需求和心理需求绝非易事。然而，曼弗雷德（Manfred　Max-Neef）提出了一种关于人类需求和动机的观点，以帮助我们深刻地反思行业现状、设计动机和自身状态。

曼弗雷德所提出的人类需求分类法（见下图）是他在南美洲一个研究所工作时体会并总结出来的。该分类法可以识别“富有”和“贫困”，然后分别确定如何使其最大化和最小化。他确定了9个人类基本需求和一些满足此需求的因素——分为四种状态：品质（Being）、事物（Having）、行动（Doing）和环境（Interacting）。曼弗雷德指出一个“满足因素”能在满足一些需求的同时使整体受益，而“毁灭因素”虽然可能满足某个需求，但事实上却因为制约了其他几个需求使整体受到损害。

人类基本需求	满足因素			
	品质（Being）	事物（Having）	行动（Doing）	环境（Interacting）
生存	身心健康	食物、住所、工作	进餐、衣着、休息、工作	生活环境、社会环境
保障	监护、适应性、自主性	社会安全、医疗体系、工作	合作、计划、看护、帮助	社会环境、住宅
情感	尊重、幽默感、官能性	友谊、家庭、与自然的关系	分享、照顾、求爱、表达情感	隐私、聚会的私密空间
认识	批判能力、好奇心、直觉	文学、教师、政治、教育	分析、学习、思考、调查	学校、家庭、大学、社区
参与	接受性、奉献性、幽默感	责任、职责、工作、权利	合作、异议、表达观点	协会、党派、教会、小区
休闲	想象力、稳定性、自发性	游戏、聚会、内心的宁静	遐想、回忆、放松、寻欢作乐	风景、私密空间、独处空间
创作	想象力、胆魄、创造性、好奇心	能力、技能、工作、技术	发明、建造、设计、工作、作曲、说明	表达的空间、工作坊、受众
身份	归属感、自尊、一致性	语言、宗教、工作、习俗、价值观、规范	了解自己、成长、承担义务	归属地、日常环境
自由	自主性、激情、自尊、心胸开阔	平等的权利	异议、选择、冒险、形成意识	任何地方

MANFRED MAX-NEEF识别人类基本需求和满足因素来掌握具体的地方和区域的实际需要的分类法

关于曼弗雷德的研究，最值得一提的是其普遍适用性：贫穷和富裕国家在不同发展阶段中的相似需求被清晰地展现出来。区分国家与国家的并不是需求本身，而是这些需求是怎样被社会和文化所满足的。

时装与人类的基本需求

服装可以满足人类的大量需求。它可以满足保暖、防护等基本的生理需求。当服装与时尚联系在一起时，它又能够满足我们对个性化的相关需求。例如，一个少年按照自己的想法剪掉T恤的下摆就是将这件衣服按照自己的个性进行了改造与重新设计。但是，时装既是个人满足因素，也是社会满足因素，它的潜力不断吸引着大家对其进行改进与创新。当时尚设计师们赋予产品更多的附加商业价值来刺激销售时，时尚就会变成一种使人们竞相追逐的外在目标，而这种外在的浅显目标会使人们产生盲目的攀比。如果其最终目标是为了基本需求而设计，那么在整个系统的各个环节中，这种问题都将不复存在。将曼弗雷德的分类法作为观察视角，透过该视角来看下面的三个例子有助于弄清它们与我们学科的相关性。

例1

一件由可循环材料制作的时装通过降低原材料的损耗与垃圾填埋的负载从而满足了环保的基本需求。但作为一个商品交付给消费者时，服装和穿戴者之间的关系只是简单地体现在消费行为上。而在另一方面，一件与穿戴者协同设计的作品，作品本身便包含了穿戴者的参与、设计、创作的表达及其独一无二的诠释，同时穿戴者也获得了学习一项新技能的机会，这些都有助于穿戴者个人的进一步成长。

例2

有机棉花改善了传统棉花种植中化学肥料对环境的影响，同时，毒性的减少也会改善农民及其家人的身体状况。有机农业还能够发挥其他功能，农民们通过培训学会用生物控制法去控制特定生物以及相关生物区。但是，除非有机棉能够有一个公平的商品价格，否则是无法满足农民维持生计的需求。同时，如果因为缺乏资金而无法维持对农民的培训，那么针对农民的教育将不了了之。基于长远考虑，将完善的贸易准则与“有机”结合起来才能保障农民的日常所需。

例3

同样的，转基因棉花减少了化学药品的用量、提高了农民的收入，并借此改善了其物质条件，因而转基因棉花被看作是“可持续的”。但转基因棉花是通过促进纵向关系来实现上述情况的。也就是说，转基因的相关知识仍然被私人商业实验室所控制，转基因的相关专利也阻碍着农民保留和传播种子。所以，个人的创造力以及农民对当地的区域生态相关的认知学习都受到了制约。农民依赖于外部技术，因此易受价格波动或需求性波动的影响。事实上，曼弗雷德的分类法认为转基因是一个“破坏者”。转基因公司同样也要向常规种子的供应商付款，这进一步限制了其他形式农业的发展，使辩论、异议和自主权逐渐被边缘化。

通过这种应用形式，曼弗雷德的需求分类法可以成为一种有力的工具，帮助设计师确定并弄清现有产品或想法所隐含的基本社会“逻辑”。它在设计中显得尤为有用，因为“社会责任”这个领域对大部分人来说是易于混淆的。与用LCA（生命周期评测）进行测量和分析的流程及材料不同，社会属性似乎更倾向于特有的地理和文化，难以用任何具有实际意义的方式来了解。虽然合作条款在最先进的公司中是存在的，但是它们却被现有的生产系统紧紧地束缚着，因而缺乏获得曼弗雷德以人类为中心的方法论所提出的情感、文化等人类基本需求的能力。根据前面的案例来看，这种方法已经开始在我们的思想中重塑一个更完整、更全面的价值观。

为了特殊的需求而设计

同时满足人类基本需求、时尚和环保的产品较少，这或许是因为它们的价值观与目前商业设计的要求相差甚远。很难想象在最初的时候，它们能采取什么样的形式来呈现。尽管如此，一小部分作品还是涌现了出来。举例来说，“超级满足因子”（Super satisfiers）是一个由弗莱彻（Fletcher）和厄利（Earley）在“5种方法的项目”（5 Ways Project）中开发的概念，该概念运用曼弗雷德的需求分类法来推动服装的创新设计。名为“触摸我”的裙装设计成果从一个穿着者的感情需求出发，在裙子的背部和肩部设计有小开口，朋友和家人被邀请透过小开口来触摸穿着者，从而表达他们之间的感情。最近，伊莉舍瓦·科恩·弗里德（Elisheva Cohen-Fried）设计了一款小披肩，其灵感来源于对大众基本健康和幸福概念的一系列的调查访问。弗里德在采访中表示，她创造了一件有着强烈的家族联系感的服装。一家人可以在小披肩的顶层用最常见的手工工具（孩子的剪纸剪刀）剪出形状，露出下层鲜艳的

Elisheva Cohen-Fried设计的小披肩，使家长和孩子能够共同设计

颜色。它通过提供给母亲和孩子共同设计的机会，来实现共同的设计创造。

这些艺术品都是能够深深打动人心的，它们都拥阿拉斯泰尔·福阿德-卢克（Alastair Fuad-Luke）所说的“异样的美丽”，同时它们也扩展了我们对可持续时尚观念的理解。曼弗雷德的人类需求分类法不仅在人类感官层面赋予了普通服装更多的语言。更重要的是，当设计师们将这些专业的方法论利用起来并作为设计的基础时，他们就可以与那些建立并保有“知识和理解领域”的社会准则建立起桥梁，并使这些方法论能够作用于这些“慢知识”原则，从而为社会变革作出重大贡献。或许曼弗雷德的分类法带给时尚设计最大的益处是，它带给我们一个可以远离市场干扰的平静“地带”，使我们的精神压力得以缓解，并将我们设计时的出发点转移到那些真正重要的事情上去。

Having（多少才足够？）

"欲知何者为足够，必知何者为多余。"[58]

——温德尔·贝里（Wendell Berry）

在我们的文化中，主流认为"越多越好"，只要物质没有增长就意味着比以前"更少了"。然而，我们始终不知道我们的商业可以做到多大，自然资源的开发极限在哪，能不能承受我们的商业活动。在很大程度上，越来越多的观点认为无止境的经济增长是适得其反的。不仅仅是因为它使自然资源越来越难以满足不断增长的人口、破坏了我们赖以生存的生态系统的整体健康，更让人担忧的是，它还破坏了我们的社会适应力，即处理随时会发生的自然灾害的能力。

越来越多的证据显示，虽然发达国家的人民变得更富有了，但他们却没有变得更快乐。这是因为人们可以自己支配的时间越来越少，他们要花更多的时间在工作上，才有维持现有的生活方式的收入。而这往往会使家庭和集体关系变得越来越紧张。如今，53%的美国人希望减少一些工作压力，多一些与家人和朋友共度的时光。[59]与此同时，经济增长也引起了糖尿病、肥胖症、冠心病等健康问题。事实上，在2006年，美国临床确诊的肥胖症病例已高达人口的64%。[60]"越多越好"的观念甚至会对中产阶级家庭的孩子产生不良的影响。研究表明，住在美国最富裕社区的学生需要不断承担着表现得"越来越好"的压力，并会被一系列精神疾病压垮，这导致了令人堪忧的青少年自杀率的增长。[61]正如土壤中的营养物质由于工业化农业一味地追求高产量的目标而被耗尽一样，人类的情感和心理储备因主流文化为了成长而成长的追求被耗尽。到目前为止，人类（和这个星球）的生活状态仿佛是被主流文化所驱使的。这就像赫尔曼·达利（Herman Daly）所提到的："我们积累的是贫乏而不是财富。"[62]

时尚产业依赖于消费

目前的时尚设计并不是为了改进这些社会缺陷而创造的，因为这些设计本身也扎根于市场中，通过市场消费的增长来衡量它的成功。在这种"越多越好"的概念中，总是会假设一个消费者认可的产品风向，要求企业保持必要的"需求"水平或消费水平来支持商业活动。在时尚领域，女性被认为是主要消费群体，女装占据了65%的全球时尚产业。同时，75%的时尚产业宣传也都是针对女性的。[63]

女性回归

当时尚界面对以物质消费为依托的商业难题时，人们开始质疑女性作为消费者的主要文化需求。有这样的一个例子：“美国服饰节制”（the Great American Apparel Diet）项目提出了一个与倡导消费对立的立场，也是一种类似于匿名戒酒互助社一样的支持项目。该项目为那些赞同一年不购买新衣服的女性提供了一个交流各自相关经历和故事的地方。她们的谈话也被作为项目网站的一大特色，提供了从人口统计中得到的在大众时代思潮中有价值的见解。此外，艺术家艾利克斯·马丁（Alex Martin）参与到挑战之中，拒绝购买那些可以使女性变得有魅力又风趣的“潮流单品”，拒绝在服装中投入大量的时间、精力，以及财力。在了解了工厂背后劳动力消耗与其他更深层次影响后，马丁提出了“一个女人对时尚的抵抗”这种看似反向的观点。她用一件一年中她每天都会穿的“小棕裙”来进行回应。马丁不仅只是提出这个观点，她身体力行，一整年都只穿一件服饰单品，她通过创造视觉趣味来满足她自己对多样化的需求。尽管只是在常规的博客上用照片记录着，她却展示了她怎样用自己的风格诠释服装搭配，并记录下这种抵抗过度消费所释放的自信。“我甚至变得比最开始时对这个项目更加感兴趣了，此刻我甚至不想回到常规的穿衣模式中去了”。[64]

艾利克斯·马丁的“一个女人对时尚的抵抗”：一件她一年中每天都会穿的小棕裙

小棕裙项目早已结束，但是马丁还在继续探索着自我表现的概念，通过穿着用环保材料制作的衣服、鞋、包以及她自己制作的珠宝与配饰来演绎时尚与自己的风格。她现在正享受着“完全与可售商品隔绝”的状态，并将自己形容为“艺术家、编舞者、母亲、邻居、园艺家、选民、活动策划人，以及缝纫机的掌控者”。

Doing（使行动变为可能）

“人类是一个有着价值观、认知、身份和情感的复杂生物，然而这些并不总是保持一致，只有当我们被吸引的时候才会采取行动。”

——世界自然基金会，苏格兰（WWF.Scotland）

物品是我们人类认知和塑造我们世界的物理表现，以反映我们的个人属性。我们所拥有的不仅体现着每个人的个性，同时也映射着更广泛的社会价值观（公认的生存模式或方法），体现着我们对归属感的需求。物品，尤其是时装，也通过一系列符号和代码为我们提供了一种视觉语言。我们用这种视觉语言来传达自己的社会地位、身份、抱负，以及我们对他人的看法。总之，服装和物品提供了一个关键的“载体”作用，帮助我们建立了与他人以及整个社会的关系。在这种情境之下事物通过不断的变化和创新与人保持关联是至关重要的，因为所有的这些关系都会与我们的观点和社会价值观共同演变。

当今最前沿的时尚是个人抱负、个性和归属感的最直接有力的表达之一。但时尚业为了使销售循环更为迅速、增加销售，无处不在的时尚产业广告、短期的趋势操纵和对整合需求的利用等行为对环境和社会造成了负面影响。在认识到气候变化与发达国家消费者的生活方式有关的这一事实后，人们意识到这实际上是对现代工业生活和消费本身提出的严峻考验。在过去的几十年中，数不胜数的环保运动提供了有说服力的数据。诸如像《广告克星》一类的杂志和像安妮·雷纳德（Annie Leonard）《东西的故事》的电影都将商业消费及其对环境影响联系起来，提出对资本主义和工业增长经济强有力的批判。在这种现状下，时尚经常被放在焦点位置，来体现在一个20%的世界人口消费着80%的地球自然资源的年代，相比之下我们对多样化的需求是多么的陈腐与微不足道。

物质商品和改变消费的行为

认识这些关系是非常有必要的，人们必须知道将会面临什么样的问题并采取行动来缓解它。但是越来越多的证据表明，虽然环保运动和环保战略成功地引起了大众对生态问题的认识，但是他们中的大部分还是没能成功地改变自己的行为。[65]主流消费者在理性上获得相关知识，但在情感上并没有信服于对消费经济相关的论断，也并没有因此去改变生活方式。或许这个低迷的原因之一，是因为强调停止物质消费不仅仅挑战了企业和“西方进步”建立的前提，同时也质疑了社会文化与人的相互关联性，即人们通过商品的附加值所创造的意义和自我意识。正因如此，这种减少物质消费的思想无法认可人与人之间、他们购买的东西和总体消费文化的动态关系，这使得这些深层次的动机被忽视，因而无法得到解决。最坏的可能性是它慢慢淡化了这些动机。

马尔尚（Marchand）和沃克（Walker）（2008）研究了是什么促使人们降格到更简单的、非消费主义的生活。他们的研究为人们围绕可持续发展的行为提供了一些见解。他们注意到，将世界上（呈现）的问题简单地看作一组“在这里”和“在其他地方”的抽象概念，可以让我们理性而客观地认知它们的意义，而不是直观和主观的。也许正是因为我们认知上的不完整，所以我们才会轻易地将这些问题置之不理。[66]这可能表明可持续发展的信息应该更有针对性，并和人们的日常活动关联起来，一种充满紧迫感的、简单的被抽象放大的信息只会使人感到压迫感，导致产生较大的抵触而发生变化。

根据这些发现，很显然，大多数在时尚领域的可持续发展方法都还没有达到能够激发行为变化的目的。大多数“生态”服装以与传统商品相同的方式被塑造成型（确实，大多数公司不遗余力地确保可持续发展的行为是无形的），这使得任何后续的“生态”信息都变得神秘而遥不可及。然而，设计师有一种与生俱来的善于挖掘人类情感的天赋，这种天赋能帮助我们用更好的方式让主流大众在没有被强迫或侵犯的感觉下，在他们每天的日常生活中适应并认同可持续性的方法。同样的，我们应当将注意力从“人们买了什么”转移到“人们是怎么表现的”上，将消费者的注意力从占有转移到行为上，使可持续性“适应”并“认同”主流观念。[67]

以骑自行车通勤为例

骑自行车上班看起来很方便，但是多数人还是选择了汽车，也许是因为考虑到拥堵交通环境下的骑行安全和不可预测的天气状况的原因，或者只是单纯的考虑到在办公室更衣比较麻烦。在这种状况下，由于便利性的缺失阻碍了行为的改变，从而影响了可持续性发展。然而，其中任何一个问题都可以成为创新驱动力，这些问题正是设计师所熟知并且要处理的领域。

阿利特（Alite）致力于使骑自行车上班的人们在骑完车后可以轻松地融入到办公环境中，因此设计了一款符合人体工程学的牛仔裤。这种牛仔裤在膝关节处的一侧缝合，膝盖后方以同样的方法缝合，这样可以消除人们在骑车时腿部弯曲处产生的多余布料。此外，这款牛仔裤还有一些让人舒适的细节。例如，可以防止骑车时裤腰勒住肚子所做的低腰裁剪的前片，防止出现臀部走光的向前倾斜的后片，细的裤腿不会使裤子蹭到车链子，防油脂的材料选择也使人们能更好地免受油污的侵扰。除此之外，互联网公司Betabrand设计了一种具有更安全特性的裤子以适应拥堵的交通环境。卷起的裤脚以及用聚四氟乙烯织物做成的可以反光的裤脚面料都使骑行者在路上的可见度变得更高。硬挺的聚四氟乙烯面料使裤腿的褶皱最小化，并使其保持裤脚卷起的状态，反光带则是使用3M Scotchlite传统反光带来增加可见度。这种裤子较为宽松，可以较好地适应骑行运动。当骑行者的身体俯向车把时，前置的口袋和由柔软泡泡纱制成的腰带内衬会贴服身体，从而起到保护作用。

这两种服装的设计方式都不同于莱卡®自行车的极客装，使通勤自行车装扮多样化，每件衣服的外观与其他衣服是完全不一样的。两者最值得注意的共同点是，它们没有加入任何“传统”的可持续发展概念（没有提到有机或是循环利用材料）。这种设计强调的是产品本身成为赋予个人权力和促进行为改变的纽带，而不是其纺织材料。当设计重点从“占有”转移到“行为”上时，就为穿戴者自己的价值观带来了实际的改变。这将是一种与环保服装截然不同的推广方法。

Betabrand设计的通勤单车裤，拥有反光的口袋和裤脚的翻边

Being（将服装作为环境因素）

“艺术家所吸引我们的，往往是他们的馈赠而不是一种索取，也正因如此才使得这种魅力经久不衰。”

——约瑟夫·康拉德（Joseph Conrad）

消费者需求上的细微差别以及消费方式如何与可持续发展的关联性，很大程度上被职业设计师忽视了。因为简单购买记录或实际零售商品数据之外的信息并不会被企业追踪或生成，或者说它并没有被企业跟踪的必要性。与可以被测量分析并评估的供应链的影响相反，因为人们购买、持有并且穿着衣服的原因让人难以琢磨，且每个不同的个体都不一样。一件衣服可能对某个人来说是社会地位的象征，而对另一个人来讲却是一段时期的成长（记录）。没有两个人会对同一件衣服有一模一样的理解与反应。[68]除此之外，产业的全球化令收集个人信息这项工作变得更加不灵活，而且还使得主流的时尚趋势与最合适的设计很难被结合在一起。这是因为，个体的意愿对于一个以批量生产与销售为整体目标的产业来说是无关紧要的信息。

然而我们每个人都至少有一件保存了多年的服装。从某种程度上来讲，当我们去欣赏、触摸、品味或穿上它们的时候，这些衣服会触及我们心底最深处的情感。设计使我们在碰到一件新的但似曾相识的衣服时，我们与服装的那种感情纽带再次出现，甚至得到升华。之所以说新的，是因为它们与以往的商业惯例非常不同，而相似是因为它们能够触及人类最基本并且非常珍视的情感。用这种方法设计的产品可能会与其他传统的设计完全不同。

一件黄色的古老连衣裙在林达·格罗斯的衣柜中已经保存很多年了，她只在特殊的场合才会穿着它。在一次参加朋友婚礼时，这件连衣裙被草莓汁溅上了斑点，她并没有处理掉这件“被毁坏”的裙子，反而找来了她的设计师好友娜塔莉·沙南（Nathalie Chanin）在斑点周围用这对新婚夫妇的名字和他们的婚礼日期在上面做了刺绣。一系列长久的关系就这样建立了起来，这个刺绣为裙子的所有者和这对新婚夫妇建立起了情感上的联系，每次穿着这个裙子的时候都会让她唤起那段婚礼的宝贵记忆。与此同时，也加强了她与那位在裙子上细心做刺绣的朋友之间的情感。这些品质，用李维斯·海德（Lewis Hyde）的话来说就是“让心感动，使灵魂苏醒，愉悦了人生”。[69]

这个小小的再利用举动为生活带来了意外的情趣。通过刺绣，这件裙子不仅仅“被修复”了，还从一个没有生命的物品变成拥有灵魂的回忆。它巧妙地捕捉到了过去发生的故事，让这个故事即使现在也清晰可见、仿如昨日，并且还为别的被污点弄脏的衣服的处理提供了新的思路。这些被弄肮脏的衣服也可以用同样的方式处理，并不是说一定要这样或者故意要这样进行处理，而是说通过一些处理方式使得它们变得更有意义，使其可以唤醒那段美好时光。

第14章 参与

“没有与其他生物体的多重联系，人类或其他生物都将无法生存。”

——欧内斯特·卡伦巴赫（Ernest Callenbach）[70]

可持续发展的核心是体验事物之间的相关联系，是对将物质、社会文化和经济体系与自然联系起来的无数相互关系的生动理解。从地方到全球，这些联系有着不同的规模和不同的影响范围，有地方性的，也有全球化的。对这些关系持开放态度是变革的一个先决因素，因为它展示了每个部分对其他部分的动态影响。一言蔽之，在处理可持续发展理念和方法时，没有什么是能够孤立存在的。

这种做法与当今的大多数时尚产品形成了鲜明的对比，这些产品可以被看作是价值自由表达的缩影，并且使我们出现在一个与地球几乎没有什么联系的世界中。这样的世界是抽象和遥远的，与时尚是如何制造、使用和丢弃的现实有着微妙的关系。罗伯特·法雷尔（Robert Farrell）将这称为“概念世界”，[71]它是指一个虚构的地方。在那里，我们不需要顾忌行动的后果，几乎任何事情都有可能实现，在那里几乎没有什么限制。然而，与此不同的现实是：我们赖以生存的星球确实有极限。地球上的许多生态系统都是容量有限的封闭系统，而时尚也跟其他事物一样。要恢复时尚与社会和生态系统之间的关系，就需要对遥远、抽象的“世界”进行改造，而这个“世界”迄今已将传统工业塑造为更直接、更紧密地联系在一起的东西。

基于行动的可持续发展

可持续发展所暗示的向相互关联性转变很大程度上取决于我们作为个体（设计师、消费者）在参与社会集体活动时所反映的积极性。这意味着，我们要参与并调查有关材料流动、设计过程、商业模式、社会问题、生态系统等方面的问题，以此作为生活固有的组成部分，并延伸到时尚体验。然而，对于许多时尚消费者来说，他们在服装上购买和穿着的体验是被动而非主动的。在商业街上销售的服装产品大部分都是同样的，这种选择的缺失会影响个体表达，使消费者的想象力变得迟钝，削弱他们对服装认知的信心。这种缺乏自信的行为导致了对制作、改变和个性化的作品犹豫不决。消费者会发现自己无从选择，只能接受时尚行业的“产品”。在这种背景下，消费者只能选择由设计师为他们设计的样式，由工人制造、买手选择、商人供应。在这之后，消费者们会按照设计师和杂志编辑的指导，将这些服装搭配在一起。按照潮流预测者的建议，定

林达·格罗斯设计的由娜塔莉·沙南刺绣的黄色复古礼服，讲述着穿衣的故事以及朋友之间的关系

期更换它们。从生产者到消费者的供应链中，选择每个服装的信息，几乎没有机会中断流程并提出问题。这种影响会在服装的穿着者和演绎者，以及生产它们的环境之间，产生一种身体和精神上的沟壑。这导致了全球规模的联系缺失，企业日益增长的创造品牌忠诚度和在海外生产的做法证实了这一情况。国际货币基金组织和世界贸易组织等全球机构的贸易规则使其合法化，并得到时尚届精英阶层的强有力支持，而这些人从大多数消费者被动的消费现状中获取收益。

通过创新来改变时尚的新形式是高度政治化的。它挑战了当今增长模式的主导地位——大规模全球化的生产、不透明的供应链、大量同质化服装的流动，以及时尚创造过程的神秘感。然而，它带来的好处与重新创建反向流动的可能性有关，在逆流中，消费者不仅可以追随，而且还可以领导潮流。因此，消费者以一个更加团结、健康、积极的关系参与到时尚的整体之中。

协同设计

协同设计，是指与他人一起设计的方法，它涉及到与使用产品的人共同完成产品。从根本上来说，协同设计挑战了经济增长驱动逻辑下的大多数设计活动，并提供了一种基于不同要求的替代方案，该方案通过诸如包容、合作进程和参与行动等方式，更民主、更自由，它的前提是使用产品的人有权决定如何设计产品。当产品的受众和他们的利益影响和促进设计过程时，设计的质量就会提高。

与用户一起设计

在过去的10年里，相比为用户设计的方案而言，与用户一起设计的方案一直在增加。毫无疑问，这种情况的出现，主要是受到人们对设计的社会和政治方面与日俱增的兴趣的影响。例如，互联网在开拓新的设计机遇方面所发挥的作用。协同设计的政治和社会潜力源于它对社会中谁拥有权力、谁控制着知识、谁做决定的影响。一些基于互联网的协同设计举措，如Linux软件和维基百科就例证了这套变化的关系。这些举措由一个分布广泛的志愿者用户网络创建，使产品内的知识用于共同产品。那些参与其中的人分担了这份工作，也分享了他们的想法和创意。

协同设计的目标是，“将自上而下的机制减少到最低限度……在尽可能多的参与者之间实行设计方法共享”。[72]在传统的时尚等级制度下，权利只被赋予给那些上层阶级的人。协同设计的这种做法，在很大程度上挑战了原有的时尚等级制度。精英设计师、高街零售商和全球品牌，通过保护自己的观念和产品来巩固自己的地位。在一个不对外开放的秘密系统中选择“导演”来掌控知识，信息则从一个层级向下流动，有关设计方向、结构和成本等决定也将随之被传递给生产者、供应链和消费者。因此维护了知识系统的安全性和排他性，保持了时尚的权力和经济地位。而用户由于不能获得服装材料和文化方面的知识和相关技能，则无法自己动手完成服装。

协同设计师奥托·冯·布施（Otto von Busch）引用了由在线开源先驱埃里克·斯蒂芬·雷蒙（Eric S. Raymond）提出的“大教堂和集市”的比喻，并以此为依据，在传统设计方法和协同式的服装设计方法之间进行不同的结构组织对比。这种自上而下、分层且封闭的时尚模式是埃里克·斯蒂芬·雷蒙所说的大教堂，其结构本身存在着严格的指挥链。[73]相比之下，集市是一种协同设计的时尚，是一个人人都能够同时谈论设计的自由市场。它虽然有些混乱，但是能够像街头市场或是人群一样，以某种方式被组织起来。[74]集市（协同设计）的组织是浅层次或分层的，所有的元素都相互联系，形成一个网络。

共识

在协同设计中，设计的过程是由其自身产生的。在这种设计中，人们关注的不是生产考究的产品，更多的是增强用户群体的能力。它强调集体的理解、设计和实践——这种不断扩展的知识和经验不仅是留给业余设计师的，而且也同样影响着专业人士。社会学家伊丽莎白·肖夫（Elizabeth Shove）和她的同事们将其与下列概念结合在一起：“不是一个由设计师主导的过程，在这个过程中，产品充满了价值，消费者可以发现并响应。”[75]在这种协同设计者参与的“交易”双向流动中，他们扮演着促进者、催化剂和鼓励者的角色，并在这个过程中学习和指导其他参与者。

协同设计的不同方法

协同设计通常从基层产生，它建立在已经存在的流程上。在《设计行动主义》一书中，阿拉斯泰尔富德·卢克（Alastair Fuad-Luke）探讨了一系列设计和制作活动（见下页图）。[76]尽管已确立的行业惯例倾向于落在图表的左下方象限，即在制造业生产和专业设计之间，但新的活动和兴趣也已经开始蔓延到其他领域。例如，家庭服装制作近年来取得了长足的发展，在这样一个经济衰退的时期，低成本服装替代品不断出现的情况下，人们开始自己设计并制作服装。在模块化产品的开发中，服装由一系列小部件组成，用户可以自行决定如何组装服装，同时也在设计与制作中进行了角色的区分。

反传统形式的产业与英国利兹的海德公园社区合作，共同创造了时尚。[77]他们与当地居民（包括裁缝、艺术家、包边人员、编织人员和志愿者）合作，针对人员短缺的情况提供相关技术的培训。同时，利用现有的缝纫、修理、工艺和装饰技能手法，促成了8件产品的诞生，并且在海德公园、伍德豪斯和查珀尔敦的利兹地区出售。所有收集的材料都来自于每月交换活动中免费获得的废弃服装，因此大量的材料和人员可以参与到这个项目中。由此产生的系列产品与材料交换之间所形成的共生关系是项目发展的关键。这使得当地居民能够

设计和制作的方法[78]

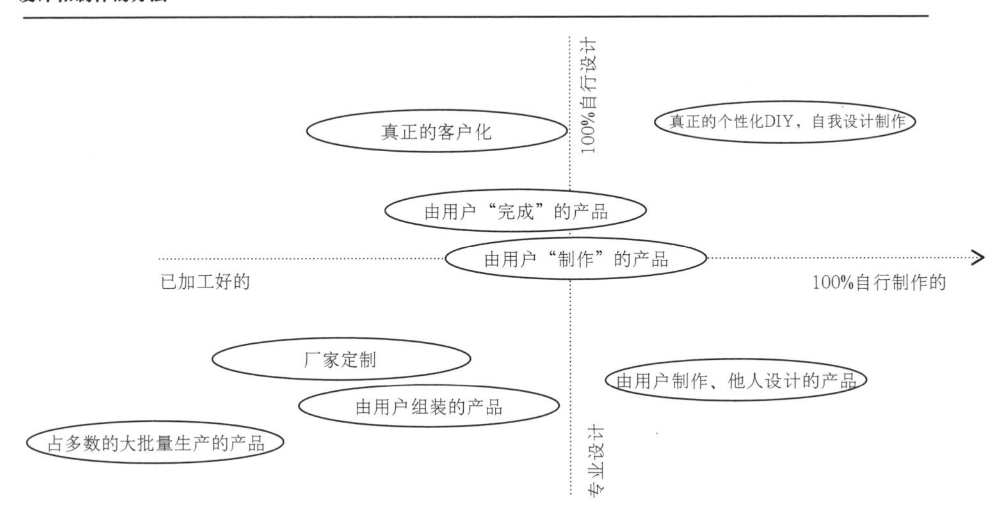

参与到不同程度的项目中，为当地的时尚创造一个新的系统。

相比之下，黛安·斯泰弗利尼克（Diane Steverlynck）的自我定制就是一个多功能的作品了，她探索出了一种不同的设计和制造方式。[79]服装和床上用品均由两层至五层不同材质的织物组成，可根据床上用品和服装之间的特性进行选择。每一层都有纽扣孔和双纽扣，人们可以把每一层都变成睡袋、单层或双层床单、冬季或夏季毛毯、一件上衣、一件夹克或一件裙子。该项目与用户合作设计，探讨了使用简单的织物衍生出多种变化形式用途的前景。

活跃的手工艺

手工艺是以资源为基础且切实可行的，它在材料与产品的造型以及展示或

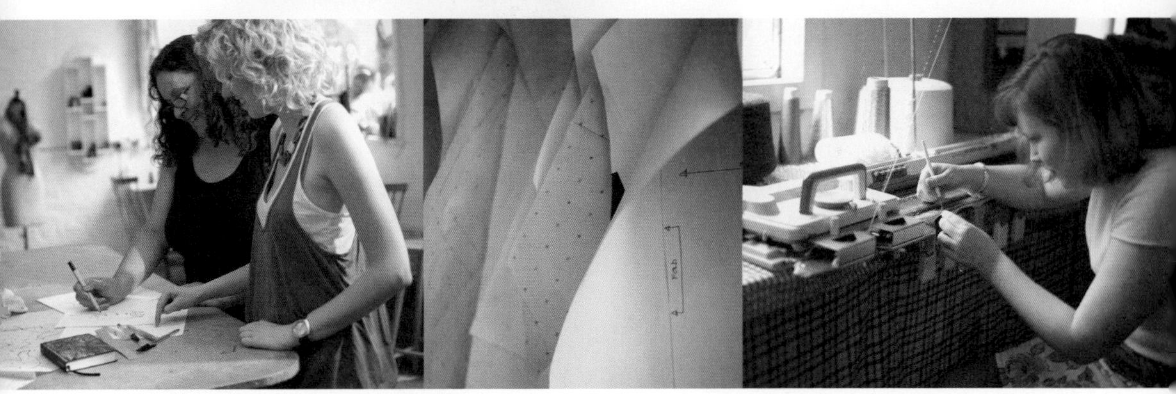

使用的形式之间建立了一种内在的联系。它致力于具体的实践，而不仅仅是过往的经验，就时尚而言，这种实践就是运用缝制、编织、裁剪、立裁、折叠，以及拼接等方式将面料变成服装。

位于利兹的反传统形式产业协作设计和生产的服装，与将要穿着它们的人协作完成

对手工艺尤其是好的技艺而言，经验也很重要，即长期的工作和重复同一种技艺。手工艺是一种缓慢的活动，随着时间的推移，技艺会逐渐成熟。它会引发手工艺者的深度思考，并且不断地检验制作者的工艺极限。在《匠人》一书中，理查德·塞内特（Richard Sennett）将工艺描述为“想

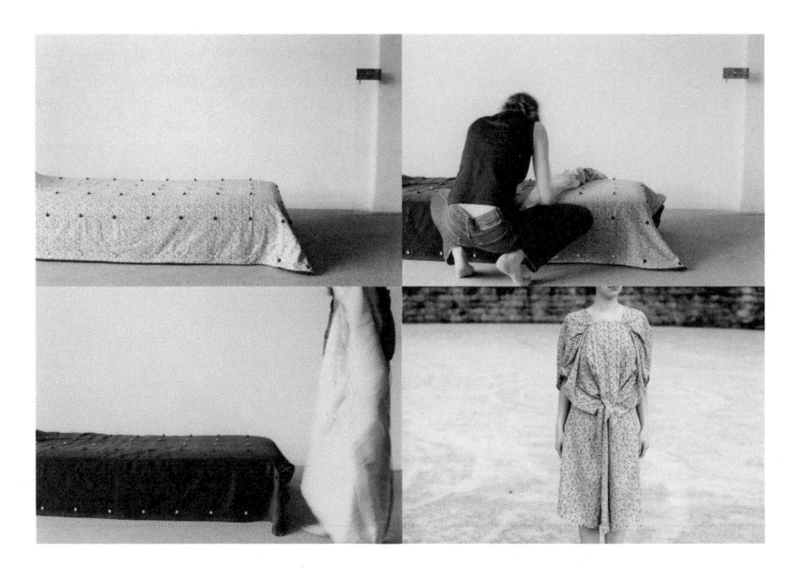

Diane Steverlynck自我
定制服装/床上用品

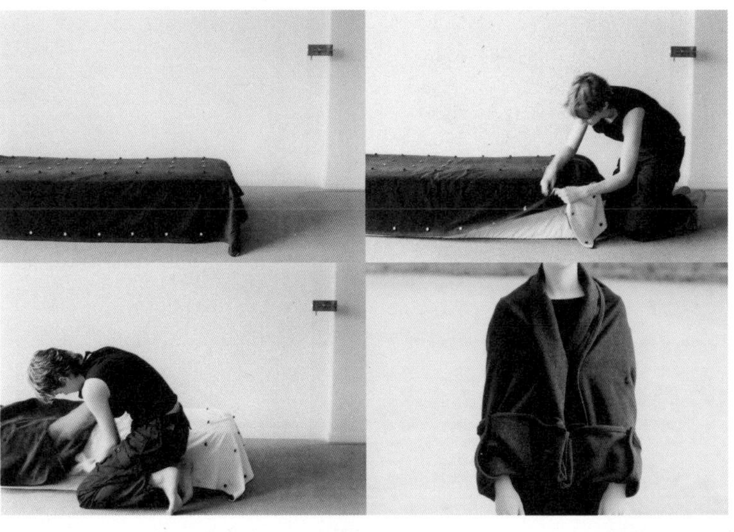

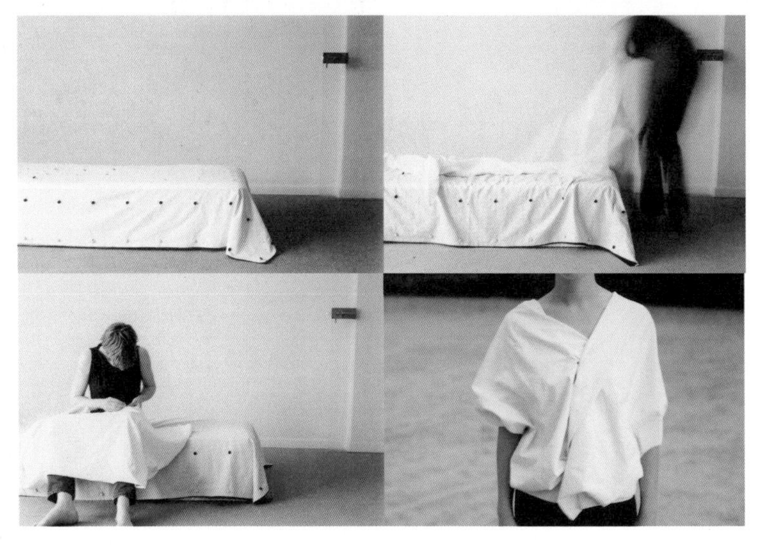

把工作做好的一种根本愿望”。[80]这种动机带来了强有力的情感激励回报，它把人们置于物质现实中，让他们为自己的工作感到自豪。[81]因为工艺与资源有着紧密的联系，因为它的活跃和手工品质，也因为拥有生活经验和情感满足上的价值，因此，工艺承载着许多可持续发展的价值。

工艺是政治的和民主的

关于为什么工艺和服装之间的关系在可持续性方面有着较大的距离，还有一些其他原因。工艺的潜力广泛分布在大众中，而不仅属于那些有财富和特权的人。因此，高度发达的工艺技能可以用来支持民主理想。手工服装将手工制作与材料和机器结合起来。在这种情况下，起决定性作用的是你做了什么（即历经多年磨练的技术），而不是你是谁，也不是你能获得多少技术。此外，工艺生产可以被看作是传达一种消费节制的感觉，一种速度限制和容量上限，毕竟，消费的体量、消费频率与手工艺人的生产能力是保持一致的。或许，工艺还意味着更多的制约，它表达了一种态度，即我们自己制作的物品足以满足我们个人的消费需求，这种自给自足的状态可能会使我们选择放弃企业和现有的工业模式。同时它也是对当前服装企业工人待遇较差、环境质量恶化等问题的抗议，因为工艺使我们能够更好地控制生产条件和物质来源。

在这些情况下，工艺显然又是政治性的。它是生产价值、权力关系、决策和实用主义的表达。在过去的50年间，在政治上最突出的成果或许是缝纫在女性生活中的角色转变。在两代人之前，编织、刺绣和缝制服装都是女性家庭责任和义务的一部分，使女性看起来很悠闲。相比之下，在过去的10年中，不同的社会文化、劳动和物质条件都见证了女红的再次回归，但不是为了工作，而是作为女性的解放。缝纫已经恢复为一种实用、令人满意、富有表现力和创造性的行为。现在，它被称为“新家庭生活”的一部分，在这个社会中，人们的生活被工业化生产的成品所主宰，业余爱好的空间和时间在逐渐缩减。

工艺主义

理查德·塞内特将工艺对社会的意义和贡献描述为“人类特殊的参与条件”，并能反映出令人满意效果的过程，而不是简单地让事情发生。[82]他还认为，“在更高一级阶段，工艺不再是机械性的活动，一旦人们的工艺水平提升了，他们会充分地感受并深刻地思考他们的所作所为。”因此，工艺融合了头脑和手的作用，通过行动将思想带到了生活中。从专家层面来看，当情感和思想最大限度地开放时，伦理、政治和环境的问题都会相继出现。正是在这种情况下，“工艺主义”已经演化成为一个新的工艺名词，并成为物质、政治和社会文化变革的媒介。它描述了实践工作对参与和平衡有关消费主义、工业生产、平等、环境条件、个性和物质主义等问题的作用。同时，它也将政治问题和实践行动结合了起来。

Elisheva Cohen-Fried设计的可以进行手指编织的短夹克，将工艺引入了快节奏的现代生活方式

正如“工艺实验室”所证明的那样，工艺主义是一个快速发展的领域，“工艺实验室”是由加利福尼亚艺术学院重点建设的一个新创意中心。[83]另一种在瑞典十分流行的新家庭策略“手工艺2.0”也印证了工艺主义的快速发展。[84]不管学术界对作为行动主义的手工艺兴趣如何，它作为变革推动者的力量来自于广泛的大众的参与。例如，使用者可以参与到部件工艺制作过程中。要以这种方式工作，就需要使用者具备自我意识、反思意识、实践知识，以及在不同于现状的社会组织模式下运作的能力。从经验中获得的实用技巧中，质量高于数量、主动消费多于被动消费、授权多于支配、反抗多于接受。这些方式都在影响着社会和经济。这样的做法可以帮助使用者从消费者角度以更深层的方式参与到时尚之中，将材料、技能和语言结合起来，从而创造出所需物品，进一步构建一个拥有着可持续发展理念的新世界。

伊莉舍瓦·科恩-弗里德（Elisheva Cohen-Fried）的短夹克设计附带有在用户购买服装后添加的手工编织附件。精心设计缝制在夹克背后的环可以固定织物并将其延长，创造力通过最简单的工艺技巧（即手工编织）得到实现。这款夹克让穿着者不仅仅只是商品的消费者，还让其成为该产品的协同设计师，为服装增加了工艺性和个性，并在这一过程中获得了编织制造的技巧。此外，对于不熟悉编织技巧的人来说，这个概念可以让他们在快节奏的现代生活方式中（例如在公共汽车上、火车上，在出租车上，或在飞机上），在没有专业工具的情况下轻松地完成创新实践。

黑客行为

与参与式设计行动一样，黑客行为和时装的生产可以通过挑战时装体系的控制力和力量来提升大众对服装的参与度。一件有参与度的服装，可以针对某一特定问题提出一种合理且快速的解决方法，如服装的合体问题。对服装的参与度还可能关系到修改一件服装、其生产过程、广告和因政治目的符号象征性，或让使用者能够更实际地接触到之前所没有的服装特性。

直接行动

时尚领域的黑客行为很大程度上借鉴了计算机黑客的语言和方法。在许多其他的活动中，计算机黑客可以入侵消费者的电子产品，修改软件、模仿或破坏网站。从其较为积极的一面来看，计算机黑客通过将编程技能与批判性思维结合在一起，探索了电子导向行动如何向技术方向转变。尽管有时候，它也会对政治思想和许多问题产生大范围的负面影响，包括个人、企业和国家的安全等问题。它需要使被入侵的系统继续保持运作，使控制行动获得成功。此时，黑客的目标不是破坏一个系统或使其关闭，而是在它所插入的系统中增加一些额外的东西："黑客掌控了系统，但通常不是恶意的。诚然，每次入侵都需要一个突破口，黑客行为与分裂和破坏不同的重要方面是，它会做出建设性的修改。"[85]

保持动力

在可持续发展中，对社会的认知与组织模式是以生态化和网络化为基础的。同样，大多数参与性和协同设计活动是对网络化扁平结构的最好诠释。网络形式提供了一种新的方法来替代传统实践方法。它调整并改变着网络，修订黑客们已经建立的系统发展路线。时尚黑客计划的主要策动者奥托·冯·布施（Otto von Busch）将时尚黑客的角色描述为："可以无视或调整改造巴黎、伦敦、东京、米兰或纽约的时尚资讯，这并不是否定时尚与生俱来的魔力，而是重新调整它的流量和渠道，保持其活力。"[86]这表明了黑客行为不仅可以改变个体的行为，例如个人自身穿着的改变，还可以引导社区的完善和时尚传播方式的改变。因为当黑客进入一个系统时，它是利用了系统中现有的力量和基础设施进行了新的改变。[87]例如，黑点运动鞋（Black Spot sneakers）诚邀每个购买者对产品营销策略出谋划策，并在鞋子上特别设计了一个空白区域为穿戴者留下了展示个性的空间，从而利用现有和已接受的机制来改变常规的时尚流动，这不仅意味着对实物的改变，还包括人和行为的改变。

右页图：时尚“黑客”参与的挪威戴尔斯克鞋厂手工鞋生产的过程和产品

黑客活动是以过程和结果为目的的。它的活动本身具有很高的精细度，正如记者史蒂文·利维（Steven Levy）所描述的：它必须富有创新性、风格化特点和精湛的技术。[88]这就把黑客这一概念引入了设计领域，更确切地说，因为技术或过程的相似性，黑客就是协同设计行为。据社会研究人员安妮·加洛韦（Anne Galloway）所述，黑客活动本身是有着广泛影响范围的，并且可能涉及到以下几个方面：[89]

技术和知识的获取（透明度）；

授权用户；

分散控制；

创造美、超越极限。

时尚背景下的黑客文化

在大多数参与实践的形式中，黑客形式的挑战是创造超出原本设计意图的东西，这可以是基于产品的、以过程为中心的，或者是系统范围的，这与主要在原始设计框架内工作的定制行为有着明显的不同。奥托·冯·布施在他的博士论文中，提出了上述这些对于时尚的意义所在：

它可以是产品中的任何东西，类似理发店提供的服务关系，可以是小型精品回收商店，它可以通过一些基础设备为服装提供改造设计，从而对服装进行翻新。它可以是中学工艺课程的工坊，可以是与最伟大的高级时装设计师合作出版的免费DIY图书，也可以是各种各样的探索用户参与度的项目。它有着多种形式，从像乐高一样组装零件来获得多样化的服装，到共享时装店内共同制作的工作室。它可以是Swap-O-Rama-Ramas的新形式，形成和共享着全新的景象，并且与多种多样的生活方式和高品质的生产有交集。[90]

2006年，挪威戴尔斯克鞋厂（Dale Sko shoe factory）的黑客项目进行了一个为期三天的实验，该项目探索了全球化时尚与小规模本地鞋子生产之间的协同设计方法。这个项目将挪威的时尚设计师们带进了一个有着百年历史的鞋厂，在全球化市场的压力下，一个小单位制造了一系列手工制作的鞋子。该项目的目的是通过让设计者更好地了解生产和鞋子制造者的极限和潜力，来修改和参与（黑客）设计和生产的流程。通过鞋子的创作，将现有模式、新材料与实践流程重新结合，提供更多的创意，挖掘更多的商业潜力。该项目的最终成果是为戴尔斯克鞋厂设计了一系列鞋子，也为该企业建立了一个新的商业路径，在这个路径下，最初参与黑客行动的设计师与工厂的合作仍在继续。在这个项目中，无论是时尚体系还是鞋子生产都在小规模的创新与传统的融合中被重新定位。

第3部分：时尚设计转型实践

设计师的一己之力并不能保证国家经济的稳定，但我们可以从现在开始利用经济来实现可持续发展，而不是让经济利用我们来使其增长。

——安·索普（Ann Thorpe）

设计师们影响并塑造着我们的物质世界。大多数设计作品都与“将物质与能量转化为产品，然后产品转变成越来越多的废物”这种商业流程有着紧密的关系，这种商业流程确保了销量的增长和商业的发展。然而，这些活动被更大规模的经济模式赋予了“逻辑性”，同时也被普遍认为是阻碍可持续发展向更广泛而深入变革的主要因素。这些活动自身以及与它们相关的思维模式和价值观都是许多环境和社会问题的根源所在。随着这些潜在的文化和社会影响被大众所理解，可持续发展对企业提出的挑战越来越具有普遍性，尤其是对设计师的挑战也更为清晰。实际上，设计目前正处于一个“转折点”。在这个“转折点”上，生态、社会文化，以及经济等诸多方面带来的巨大压力引发了对流行设计价值体系和传统设计技巧应用等方面的重新审视。[1]鉴于这种审视，设计师们开始去探索用前所未有的方式来发展事物的潜能。

在可持续发展的时代，采用设计思维和技能来服务于比商业更广泛的目标，从而赋予了设计实践新的动力。当人们开始质疑自己在公司和整个社会中所充当的固定角色时，设计师们会发现，想要远离主流消费文化并不容易。正如巴克敏斯特·富勒（Buckminster Fuller）提出的：随着你变得越来越专业化，你在专业领域的创新也呈现出了一种适应性。[2]因此，彻底脱离消费主义的设计是很难实现的。当人们热切希望能制定出一个计划去引导所效力的公司朝着可持续发展方向前进时，设计师们通常会受到原有系统的阻碍。然而，如果一个商业设计师的努力对主流商业模式的影响哪怕只有一点点，对于变化的规模也将产生非常积极的影响。而一个小型的设计企业同样也可以成为有效的变化推动力，因为他们的结构小巧且灵活，适应性强，能够适应全新的商业模式，并随着时间的推移而大范围地影响主流文化。实际上，已经有许多的创新发展案例，始于微小但引导了商业的大趋势，最终重组竞争格局，在这方面，数字革命就是一个很好的例子。耶鲁法学院环境法专业的教授丹·埃斯蒂（Dan Esty）将可持续发展视为商业发展的大趋势，并认为可持续发展是不会消失的“社会价值”。[3]

当设计师有意去支持这个“社会价值”的构建时，就会意识到这种程度的变化大于任何一个公司或业务系统所能带来的变化。因为可持续发展问题已经超越了个体企业和学科的界限。要找出与设计实践的可持续性联系起来的方法，挖掘下文中所述的各种常规模式的潜力（见下页图）。进入到经济体中的其他部门——并且带着新的视野回到现有的部门——为设计师提供更多将他们的专业技能应用于大众和生态产品中的机会。

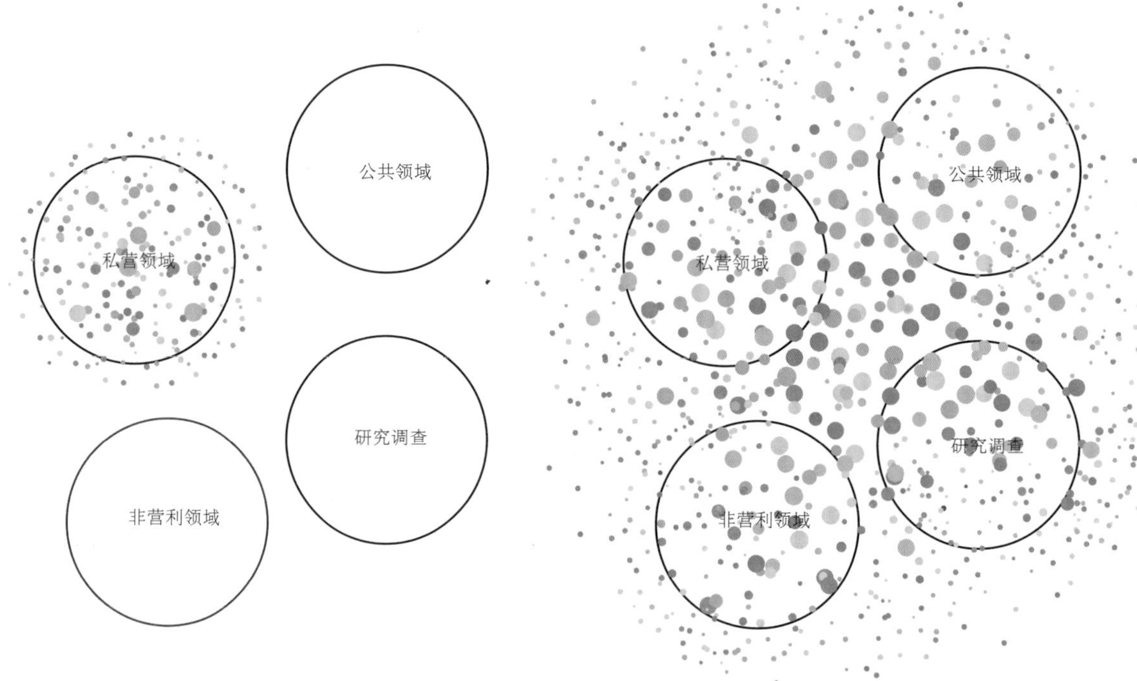

设计师不必局限于活动的一个领域。他们可以将技艺应用于所有经济领域及其之间的区域，从而最有效地为可持续发展带来变化

当越来越多的设计师开始涉足经济中的其他领域时，全新的设计、消费和行为的模式也将逐步形成，[4]因为设计师所接触到的问题和信息范围比通过商业和市场的简单视角所获得的更为广泛，而且也一定会用于实践中。从这些新的工作方法来看，设计师将比现在更加注重文化、社会和公共机构的相关工作，如果假以时日，这将成为设计师引导体制变化的机遇。下文中将介绍一些早期的案例，阐述设计师在致力于可持续发展的进程中已经探索到的那些他们所拥有的新的角色、新的行为模式和新的机遇。这些案例显示，创造和生产方面的专家（如传播者、教育者、促进者、活动家和企业家）正在寻求一种新的操作方法。他们提出将新型价值观融入主流的设计文化中，扩大设计师的影响力，[5]为个人、专业领域、社会和生态环境创造有实际影响的工作机会。

第15章 作为传播者和教育者的设计师

“一个只谈论生产力却不提及恢复力的社会，将会变成生产性的而不是具有复原能力的社会。一个不能理解和运用“环境承载力”的社会，终将越过环境所能承载的极限。一个认为只有企业才能增加就业率的社会，将很难激励它的绝大多数民众为自己和他人创造工作机会。”

——唐奈·梅多斯（Donella Meadows）

在时尚生产和消费的循环中，可持续发展的各项活动迄今为止是由工业——即时装制造商所主导。那些在企业工作，特别是拥有专业技术职能和企业社会责任的人，相对于消费者来说拥有更多关于服装的生态与社会影响等方面的知识。整个服装供应链对于社会而言除了技术性知识，可持续发展方面的知识很少被传播。时尚企业所传达的信息是由企业的形象、企业文化、客户基础，以及销售的产品所决定的。例如，对于一个户外产品公司来说，传播的生态信息可能是户外的自然条件如何。当你穿过森林，进行徒步旅行或攀岩时，很容易联想到户外产品与生态系统本身以及生态系统内部的联系。但是对于一个时尚品牌来说，生态与公司和客户之间的距离很遥远。这大概是因为时尚通常体现的是人与文化系统之间的联系，而不是人与自然系统之间的联系。人们往往会认为对于这些时尚产品，可持续发展的革新只是作为一种提高销量，使品牌差异化的工具。因此，围绕可持续发展问题的传播被简化为体现现有产品微乎其微的环境或社会感的简单口号。这些口号通过产品的吊牌或张贴广告向不了解生态、没有可持续知识和意识的消费者[6]传达绿色产品的“可持续”概念。然而，这种方式会使得大众对时尚产业需要通过较长时期来重新构想适合地球自然系统的模式缺乏理解。[7]

消费者还是公民?

现如今，大部分的商家都把它们的顾客当做消费者这种角色来进行对话，很少把顾客当做积极主动的公民。几乎没有为他们的顾客提供一些能够提出问题、学习生态系统环境承载力，以及资源循环相关知识的工具和场合。甚至很少有人认为他们的作用是支持消费者质疑塑造我们社会的基础结构。为了在时尚领域推广可持续发展理念和实践，我们必须开展一个更深层次、更广泛的交流和教育举措，从而在群众中普及生态和自然系统及其与人类系统之间的联系等相关知识。正是基于这种现状，设计师才有了崭露头角的机会，以新的方式增强时尚与可持续性之间的交流，提供扩大集体声音（意愿）的方法、实例、技能，以及语言，从而更加迅速地开展与之相关的深入变革。

最有效的传播并不总是以传统的视觉或二维形式体现出来的，好的教育也常常超越于教室之外。它可能采取新的形式，以时尚、艺术或服务的新视角来改变当前的思维方式，塑造新的沟通方式（诸如手工研讨会、互联网比赛和相关行动的宣讲）。一旦设计师开始在常规的企业文化模式之外开展工作，那么他所受到的制约也就很少了。

可供选择的认知途径

通过经验进行认知是指通过制作服装的过程、图像、电影或者进行实地考察等方法来构建知识。这在合作调查领域被认为是“四种认知方式”之一。四种认知方式可以用来解释我们是如何在传统科学知识以及专业学术研究之外认识事物的。这四种方式可以这样被描述：通过经验进行认知，通过表象进行认知，通过建议进行认知，通过实践进行认知。我们的认知建立在我们已有经验的基础上，通过我们的故事和图像表现出来，接着通过理论使我们明白，最后通过有价值的行为对我们的生活产生影响。[8]可以说它们在彼此联系的基础上可以发挥出最大的作用。这就是设计师的角色，像一个传播者一样采集抽象的信息，这些信息对于提升行动力（也就是说使理论转变为真实且适当的行动并且引发新的行为习惯）来讲有着非同一般的意义。

例如，由艺术家、设计师萨沙·杜尔（Sasha Duerr）创立的Permacouture研究所成立了染色工作室，染色工作室中的参与者会进行植物栽培，并制作植物染料，从而为自己的面料和纱线进行染色。在享用选取本地当季的植物作为食物原材料制作的晚餐后，人们对这一概念有了更深刻的理解。杜尔认为织物、印染和服装也可以在地域和时间上因为其材料的可获得性而产生变化。事情是行动与创造力的组合，知识的获得与个体是密不可分的，人们需要打开思维去挖掘服装的潜能，从而将其与自然系统和循环重新连接起来。

可持续性棉花种植计划（SCP）的农场之旅就以完全不同的方式将时尚工业参与者与自然系统联系起来。SCP是一个与加州农民合作的民间组织，旨在帮助农民在原有的棉花养殖系统中赋予其棉花产品生物性。SCP农场之旅活动每年十月（即收割季节）在加州的圣华金河谷举行。参与者能直接感受到那些令人熟悉的可持续主题，包括发展规模话题、人类在陆地上的存在对经济，以及贸易系统的影响、自然资源的利用，以及处于困境中的农村群体和小规模的农场主等议题。参与的游客来自各地的时尚产品供应链和农业部门，有农民和农业专家、代理人、设计师、生产和销售人员、买手、记者和积极分子等。当他们聚集在一个可以直接相互提问的环境中时，他们发现助长两极分化和简单化立场的观念通常会消失，并且认识到在更大的经济和生态系统中集体力量的重要性。他们的谈话也从探讨商业和营销中的经济利益转移到促进供应链和种植实践变化的机制上来。

平面设计师罗伯托·卡拉（Roberto Cara）、作家丹·英霍夫（Dan Imhoff），以及时尚设计师林达·格罗斯（Lynda Grose）开发了一些交流工具并在SCP中得到运用。这些高度可视化的材料对时尚行业来说非常有吸引力，因为这些交流工具可以将科学数据合并，并将其应用于时装方面，使得这类棉花的可持续发展能够更好地被理解和表现。这些工具包括一种能够将纤维（农民的叫法）的磅重（或千克）换算为服装产品（时尚行业的叫法）质量的“棉花计算器”（见下图），从而为农业与服装制造行业的沟通搭建了桥梁。

简单明了地将磅重总数转化为产品的棉花计算器

织物的质量/36英尺=每英尺织物质量

每英尺织物质量×织物宽度=每平方码织物质量

每平方码织物质量×产品收率=产品质量

附加10%的废料量=产品总磅数

在2008年“镜像/非洲”（Mirror/Africa）的互动视频中，艺术家尼克尔·麦金利·哈恩（Nicole Mackinlay Hahn）提出了促进非洲时尚供应链的贸易、对话，以及恢复性发展的举措。她首先在美国纽约的巴尼百货商店展示视频，视频剪辑了农民、工匠、工厂工人，以及他们所在的工作领域和他们所拥有的文化，向大众展示了这些商品是源于（生产于）何处的。她应用无线射频识别技术扫描设计师所选定的商品标签，消费者可以通过这种方法快速浏览一件服装。同时，视频画面也会出现一个来自于供应链所在地域的片段，如马达加斯加、肯尼亚、莱索托、马里、乌干达、斯威士兰、突尼斯、加纳或南非。“镜像/非洲”的目标是努力使消费者在情感上与时尚设计供应链背后的“伟大的心灵与灵魂”联系起来，并重新赋予其个性化的含义。

左上图：在奥克兰、加利福尼亚的八月商店举办的“羊和杂草”。它是染工萨莎·杜尔（Sasha Duerr）与制毡工艾诗丽·赫尔维（Ashley Helvey），以及厨师杰罗姆·瓦格（Jerome waag）等人受朴门永续设计研究所的“晚餐染料”启发的一个合作项目

右上图：萨莎·杜尔的墙面艺术品。茴香，餐桌上调料的一种，可用来染色

左下图：与玉米和向日葵植物篱笆种植在一起的棉花，作为可持续发展棉花种植计划主办的农场之旅中展示的生物IMP（病虫害综合治理）系统的一部分

右页图：尼克尔·麦金利·哈恩的“镜像/非洲”视频装置，向消费者传达非洲时尚供应链的情况

第16章 作为推动者的设计师

"设计不仅是一种职业，也是一种态度。"

——拉兹洛·莫霍利·纳吉（László Moholy-Nagy）

在工作中，设计师需要具备许多的技能，诸如适应未知事物、整合复杂资讯、跨学科能力，以及跳跃性思维，这些技能上的要求与可持续发展挑战的范围和性质相似，两者具有高度的相关性。在我们意识到工业与其他学科的边界变得越来越模糊时，我们需要做的是用不同的方式去观察和理解问题。这些多个交叠的观点表明了设计的思维和技能是应对可持续发展挑战的不二法门，同时也能为设计人员提供许多新的机会。当然，像绘制草稿、原型设计等"传统"的设计方法依旧存在，但人们会越来越重视"设计过程中"系统的活动、思想和平台，以及塑造我们产业的行为方式。时尚设计师也将常规的供应链工作转向创新驱动，[9]运用他们的技能去实现一些新的变化，由此，设计师就变成了一名推动者。

能动性与改变

设计师的这种新角色可以呈现为多种形式：从制定策略、改变时尚产业和商业，到一个"街头实用主义促进者和创意发源地"，[10]该角色的作用是通过采用完全不同的方式来为人们创造工作机会，促使改变的发生。在很多情况下，这个角色比传统的设计活动更为复杂，因为它涉及激烈的谈判、控制利益相关者和采取实际行动的必要性。同时，它也是不可预测的，而且产生的结果也可能不符合传统设计的规范。作为促进者的行为，往往强调过程而非结果，同时，也会重新设计设计师的自我界限，把"成功"看成是团队努力的结果，而不是孤立的辉煌。

协同设计

设计师作为促进者的实践中最完整的浸入式体验之一是协同设计（见第146页）。服装的使用者可以在这种活动下设计和制作服装，消费者是在消费一个过程。这个过程是由那些可以熟练地将技术性和实践性的想法转变成产品的人所促成的。"专业的"设计师会为协同设计者的实践制作及其概念化技能做支撑，并支持他们在思想和行为之间进行切换。共同设计者脱离了消费者的角色，成为了一名具有主动性的公民。因此，这个过程涉及一种新兴的责任感和互动感，消费者的“权利”逐渐成为了公民的“权利”和“责任”的混合。这是一段让人们在情感上、实践上都积极参与的旅程，这段旅程也将由所穿的每一件衣服所承载。

衣物互换

通过“衣物互换”不仅可以得到新的服装，同时也可以提升消费者的责任意识。在这种情况下，设计师的作用在于建立一个可行的流程来交换和举办活动，从而创造出一种时尚的“体验”，这种体验至少可以在某种程度上满足身份、交流和创造力方面的需求，然而必须是在不持续消耗原始资源生产和消费周期的前提下。

现在，专业的衣物交换活动是很普遍的，最常见的形式是一种有趣的社交活动，其交换规则因不同的组织和活动而异。2004年，澳大利亚的凯特·卢金斯（Kate Luckins）发起了一项服装交换活动。在该项目中，每人被限制进行6次服装互换，参与互换的服装必须干净整洁、熨烫整齐，且品相良好。这些要求可以确保每个人对交换衣物品质的重视，被交换的每件衣服都会带有专门的钮扣标志，然后换成另一件衣服被带走。

相比之下，在Swap-O-Rama-Rama（美国，2005年起源于Wendy Tremayne），你可以毫无限制地带来或带走服装，进行衣物交换。该活动通过一系列DIY工作坊使参与者能够探索具有创造性的服装再利

在澳大利亚墨尔本举办的服装交换活动

用方式。有着熟练技能的设计人员在缝纫台上帮助衣物改造者修改他们的“发现”（改造创意），同时，参与者还可以学习刺绣、针织和钩针等技能。互动时装表演是该活动晚会的高潮时刻，该表演让参与者展示他们的时尚创意，展示当地设计师在这场活动上担任职务时所做的工作，并且给予参与者机会去交流那些与衣物交换相关的故事，从而进一步地建立情感链接。Swap-O-Rama-Rama还向服装交换者提供了赋予服装新标签的机会。“100%回收”或“被我修改”的字样标签，是对DIY社团集体创作的一种纪念，同时颠覆了改造前该服装品牌的政治力量和社会地位。其他类型的服装交换形式则是通过线上的商业组织或者地方部门作为减少废弃物的策略来实施的（诸如位于英国伦敦的伊斯灵顿委员会）。通过1960年BBC电台对时装模特崔姬（Twiggy）的系列报道，这种概念甚至渗入了主流思潮中。

“准备去穿”与“准备去做”

制作图案集锦、撰写设计说明和缝制小贴士，设计师奥托·冯·布施（Otto von Busch）用自己的方式行动起来，以帮助促进服装制作和相关技能的发展。[11]利用文化的力量、时尚的语言和影响力，奥托的“改造大全”和“回收百科”把家庭制作的服装与时尚创造的象征性力量联系在一起，并从形式上颠覆了原有系统。“改造大全”尝试着将时尚的态度从“准备去穿”转变为“准备去做”，而“准备去做”涉及通过制作衣服促进个人成长、技能发展以及赋予权利这一过程。设计师在这里所扮演的角色就是从内部转变时尚产业的消费主义力量结构（消费者转变为制造者）、启动缝纫技巧专项培训计划、为时尚设计树立了积极的态度——使服装呈现了更加多样化的表达方式，而不仅仅是在商业街上唾手可得的东西。建立“亲手制作”实践项目的线上社区打破了时尚生产和消费的传统结构，奥托的“回收百科”可以免费在网上进行下载，并很快在其他国家激发大家开设了更多的工作坊，这在几年前是无法想象的一种观念。

设计师作为促进者

作为促进者，设计师可以采取各种形式来推进该项工作，其中之一便是认识到并加强“商品”改造工作的可能性。在伦敦，一个名为“地方智慧”（Local Wisdom）的时尚项目正在运行中，即通过令人满意的、充满

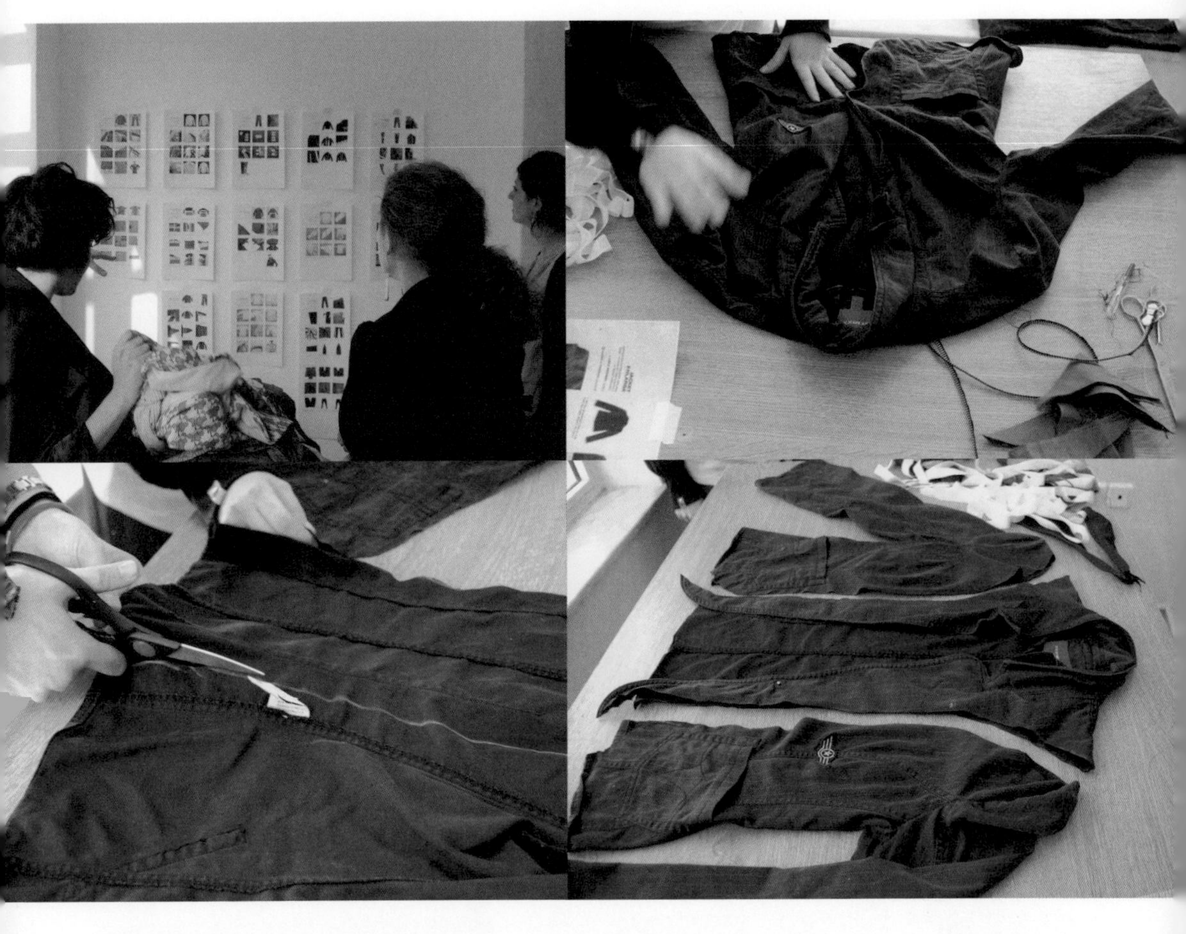

在希腊雅典Kernel画廊举办的服装改造工作坊，运用了奥托·冯·布施的“回收百科”方法

智慧的方式熟练地运用服装的实践活动，以赞美使用者的“工艺才华”。项目的成果是大量的文字和图像，这些成果记录了个人如何发挥自己的聪明才智，在他们自己提供的有限的服装范围内提升自己的时尚体验。“地方智慧”拍摄相关图片，来记录这些愿意分享自己“工艺”的志愿者的故事。迄今为止已经出现了许多可持续发展的实践，包括人们长期积极使用的服装可持续方式、拥有实用性和情感共鸣的服装交换和分享，以及我们减少洗涤衣物的做法。所使用的技巧往往不在关于可持续发展是或应该是什么的工业或商业观点的范围之内，而是来自于文化中根深蒂固的节俭、家庭供给和关爱所爱的人的“智慧”的涌现。这些做法通常只需要很少的资金或材料，活动更加注重的是能够充分利用丰富经验、聪明才智和自由的思维。然而，这些活动很少被认可，也从未被列入T台时尚、商业，以及政治的议程中。

不同于占主导地位的经济与商业增长发展模式，“地方智慧”项目将

家庭制作：容易修改

“这件衣服是我从交换商店里获得的，是别人在家缝制的。衣服有一些裂口，我带回家给它加了一条新拉链……因为是家庭制作的，没有锁边，所以如果有什么裂口之类的很容易修复。我觉得这件衣服非常适合我，我很喜欢。”

上述活动作为时尚界的一种新的发展模式的一部分。在这个空间中，时尚的可持续性与生活中的日常行为有关。此外，“地方智慧”项目具有商业应用上的价值，它在用户工艺技能这个层面上为工业提供了一系列新的想法和实用的例子，以更加令人满意的方式利用时尚资源，使材料用量不再成为衡量商业成功与否的标准。

通过时尚界的工业裁剪、缝制技术生产出的那些同质化的服装，无法实现“外部”的个性化创作。反之，从设计和制作的角度来看，在家里由自己制作的服装却像是一项永远都正在进行的工作。我们可以随时进行修改，并了解这些衣服是怎样做出来的。

社会和文化的可持续发展

让公众了解他们与服装的关系是一种有效的方法，这种方法可以将时尚的理论和研究的思想跳出学术的束缚，走出工作室的研究范式，将他们带到整个社区，在那里他们可以成为讨论的催化剂。这项活动将人工制品视为挖掘态度和社会习俗的延伸调查工具，同时也测试和改造人工制品本身。它也让设计师成为务实的大使，告诉我们如何从提升销售量获取利润的方式中脱钩。这类研究是生命周期思想的自然延伸，拓展了设计的活动方式和关注点。它不仅涉及到产品的可持续性，还涉及到社会和文化的可持续性，不仅涉及到设计师和行业专家，而且涉及到穿戴服装的大众。

因此，在许多方面，当扮演着推动者这一角色时，设计师所使用的方式会是在现存的时尚系统以及系统自身层面上影响着行动的方向。设计师的行动不仅会影响产品、流程和实践，还会影响经济学、权力关系、既定的生产结构和商业偏好等各个方面。与公众进行合作式设计可以带来新的视觉体验和实践技能，这从根本上改变了时尚界。

右页图：有关这件裙子的故事和图片。家庭缝制的服装是没有锁边的，所以很容易修复；是“地方智慧”项目的一部分

第17章：作为活动家的设计师

"我们面对困难时不仅要有逆流而上的勇气，更要有改变现状的能力。"

——詹姆斯·古斯塔夫·斯佩思（James Gustave Speth）

活动家们往往奉行并直接采取切实有力的行动以达到他们所需的社会或政治目的。在设计师们积极投身于可持续发展的过程中，他们的做法往往遵循一条既符合经济目标又符合环境—社会目标的路线，有时努力使它们相互协调，有时又试图将其中之一与另一个的知识相协调，在另一些情况下，为了促进变革而保持这些目标之间的紧张关系。

时尚界积极人士的工作会在不同的环境中开展，包括在传统的时装行业机构内部或外部。在主流行业工作，如果公司有责任感并以开放态度将生态价值纳入其实践中时，作为一个可持续发展推进者的工作是卓有成效的。近年来，在以商业为中心的大型时装公司中，许多与可持续发展相关的工作都得到良好的推进，在这些公司里，最高管理层的指令和承诺使公司社会责任部门、技术生产职能和设计的可持续性发展倡导者走到一起，共同推动创新。在这里，技术发展和管理创新更易于引领变革，可以将更多的资源和产品引入市场，在现有的业务模式下，不断推动公司的可持续发展。

设计师作为活动家的角色

然而，可持续发展激进主义的内在政治性质——批评行业现状正在推动的商业目标——在主流机构中几乎找不到代表，不管一家公司有多么"负责任"，它的长期方向都受到传统商业和经济实践的限制。最终，一些"负责任"的设计师可能会因压力而妥协，不得不在自身价值观的体现和维持收入两者间做出一个选择，这一直都不是件容易的事情。

为了规避价值观上的冲突，有很多设计师积极分子为自己创造了一些角色。脱离企业而独立工作给予了设计师一种从固有的企业文化中释放自我的方法，使其能够根据自己的道德标准和目标来进行设计实践。许多人认为这种自我引导的工作方式是一种自由和解放。在传统的环境中，它是在所有经济部门开展各种各样的项目的呈现，给创造性做法带来多样性和趣味性。

而在可持续发展背景下，设计师则要判断她（或他）所设计或再设计的产品的价值是否被体现。换言之，就是判断他的设计是否与社会公益一致。[12]

公共和私人领域

最能有效促进社会公益的举措就是将公共和私营部门的努力结合起来，积极寻求跨越民间社会以及政府和市场商业机构的设计机遇。每一种智慧和力量只有在结合与碰撞中才会对社会的变革产生最有效的影响。非政府组织拥有公众的信任，可以提供详细的研究来证明拟建的行动计划的合理性；政府可以改变政策，实行鼓励措施，引导商业行为，并长期协助市场构建工作；私营企业可以带来革新，利用基础设施来提供产品和服务，并影响终端用户。如果能有效地结合，这些合作将会使公民、商业和公共或生态利益纳为一个整体。

然而，在自由市场经济中，企业获取的利益被认为是在政府的较少干预或根本没有干预的情况下得到的最佳利益。企业极力保护自己最大化利润的能力，雇佣说客和律师影响政策以支持这种观点，缩小政府在支持经济增长中的作用。在政策干预缺失的情况下，监管松散企业的重大责任落在了非政府组织相关部门的头上，而非政府组织很难跟上企业增长的速度和相关的退化。因此，设计师就非常有必要在这个经济领域中开展工作（也相应地有许多机会）。这一点在洛克菲勒基金会近期发起的一项研究中得到了证实，该研究项目探讨了设计类行业如何为解决社会问题作出更大的贡献，结果显示有10个潜在的（非政府组织）项目为设计师提供了诸多的可能。[13]

尽管经济体中私营和非私营部门之间常常出现两极分化，但在过去10年里，一些非政府组织已转换自身角色不再攻击或责难公司，而是尝试着改变它们的做法，为所需的变革提供方向和引导。一些非政府组织现在可能会对供应链进行第三方监控，对商业的生态影响进行调查研究，与私营部门结成伙伴关系，促进提高供应链的透明度，而不是与之对立。尽管非政府组织作为合作伙伴的监督角色与核心的商业目标之间仍然关系紧张，但它所起到积极的作用，正促使逐步提高但务实的标准的执行，这显然与抵制的消极作用截然不同。

民营时尚的品牌合作

毫无疑问，非政府组织（NGO，民营组织）需要提供手段来打击无良的企业，因此，时装设计师可以通过将时装业的实用知识引入NGO部门来帮助提高服装业的社会和生态绩效，比如，认识到面料加工的影响和市场价格的限制，规范和发掘强有力的企业文化，和具有共识的品牌合作伙伴建立互信关系并产生共鸣，让品牌运作更加公开，用更具批判性的眼光审视其商业运作，而不是对变化采取防守之势。

蒂拉·戴尔·福特（Tierra Del Forte）就是这样的一个例子，在开始经营高端的有机棉牛仔裤设计公司——戴尔·福特之前，她在美国从事相关工作。她将自己的职业生涯都贡献给了私营部门，目前她在美国非政府组织公平贸易协会任职，在那里她领导着工作人员监管服装供应链的运作，并确保企业支付给工人们公平的薪水。相同的例子还有许多。帕蒂·乔尔威治（Patti Jurewitz）曾是一名时尚设计师兼插画师，在获得MBA学位之前，她曾与南美的工匠合作，并进入了私营部门的供应链进行采购。现在，她回到了一家总部位于旧金山的民营组织部门工作，致力于与公司股东建立对话，将可持续发展的价值观念传播出去，以削弱利益至上的观念，同时她还带头在美国开展联合抵制乌兹别克斯坦棉花运动。

大多数设计师都表示，非赢利的工作经历给他们带来了极大的满足感，因为他们原本设定在自己的公司或一个大公司内部实现的目标，可以在同一时间内在多个品牌的供应链中完成，形成了规模效应。设计师们通过这种方式可以看到远远超出产品和市场范围的“宏伟蓝图”，并找到关键问题的根源。在这里，设计制作让步于设计思想的实践方式增加了创新过程自身的深度与广度。[14]设计师深入到供应链率先感受到了设计决策对那些生产国的工人生活所产生的影响，这些体验必然会反馈到设计实践中。

独立工作的设计师

对于一些设计师来说，创建自己的NGO是独立工作的最佳选择。这样，设计师就可以根据自身的条件选择项目，然后筹集资金来支撑项目发展。设计师米米·罗宾逊（Mimi Robinson）在建立跨界文化设计（BCTD）时就采用了这样的路径。罗宾逊先是在私营部门工作，然后与一个非政府组织“Aid to Artisans”合作，因此，在建立BCTD之前，她就与艺术家、设计师和工匠团体之间建立了创造性的交流与联系。BCTD将发达国家的设计师和艺术家与贫穷国家的手工制造商联系起来，并在市场上建立渠道，以此来产生收益，从而改善生产者的生活。罗宾逊与工匠一起开发产品，并将自己的工作安排为一系列项目，这些项目是长期的——与通常设计简介型的单一项目任务形成了鲜明的对比。通过对同一群体的反复考察，罗宾逊现在对当地可利用的资源、手头的材料以及每个工匠团体的技术能力都了如指掌，并且在多年相互信任的基础上与这些群体建立了密切的联系。BCTD的目标是将工人们与区域市场联系起来，这样就可以通过国际贸易来获得当地收入补贴。罗宾逊选择的出口商不仅与其有着共同的理念，同时也了解这些工作的复杂性和步骤。通过建立强有力的合作伙伴关系，培养跨文化背景下了解生产者和消费者期望值的敏感性，掌握进行多边谈判的技巧并进行长期规划，设计师真正开始扮演活动家的角色了。

作为一个独立的企业或非营利组织的工作是要改变设计实践的本质，丽贝卡·博格斯（Rebecca Burgess）的纤维项目就是一个例子。项目初期是以其位于加州北部博格斯的家为中心，对周边半径为240千米的区域的纤维和植物染色开展的一个研究。如今已拓展到许多方面，包括为供应商和牧场主进行筹划，记录当地群体和他们的生活，跟进与纤维生产相关的地方经济，支持当地的艺术家和设计师们用这些纤维制作服装，以满足博格斯地区消费者的全年使用量等。与此同时，每个设计师的个人简历也被写在相关的纤维网站上，展现了服装与人类、文化和环境关系的延伸脉络。如果只是

跨界文化设计人员在圣地亚哥的妇女编织协会现场学习织布

一个商业性的采购项目，这个网络是不会为人所知的。该项目的延伸目标是让博格斯地区的民众一年内只穿当地的艺术设计师设计、由当地生产的纤维制作出来的衣服。虽然这个项目主要集中在加州北部，但是该项目的形成和发展是为了创造一个可复制的模式，从而可以为世界上其他地区开展时装可持续发展的活动带来灵感启发和技术援助。这个概念是由“过渡化城镇运动”的创始人罗伯·霍普金斯（Rob　Hopkins）所提出的“新伦理”中的一个案例。在这个概念中，当地社团群体需紧密联结，以降低其面对外来力量时的脆弱性，同时扩大地区与世界的联系网络。

纤维项目：种植染料植物，当地的纤维染色

与政府合作

除了与纤维制造商、染料厂，以及生产商直接接触之外，活动家型的设计师还可以在其他方面开展工作。例如，呼吁政府在政策上承担保护社会长期利益的责任。当政府进行研究项目和环境影响分析以确保政策有充分的根据时，设计者可以迅速将研究应用到实践中，并使研究成果更快、更广泛地被接受。设计师还可以向立法者进行介绍，对提升可持续发展的革新机遇提出自己的重要见解。

事实上，英国上议院全党议会的“伦理时尚”组织在2011年举办了一个论坛。该论坛汇聚了许多设计师和政治家，这为时尚产业的可持续性问题打开了沟通渠道。设计师们还参与了政府发起的环境“路线图”（英国）项目的开发，这对支持新商业模式和市场的政策产生了影响，其中包括货币之外的价值思考。除此之外，设计师还可以帮助制定纺织品和服装的基本标准，使整个行业及其运作体系朝着更利于平衡经济、社会和生态健康的方向发展。

对于那些习惯于快速实现创意的设计师来说，与政府、非政府组织和民间团体合作会有些费力。但细想一下就会发现：以服务公司、客户和消费者为主的设计角色实际上限制了设计师们工作的范围，他们只能影响产品，而且只能影响几周到一两年的销售期。相比而言，以服务于公民和环境健康为主的设计工作，扩大了设计师的工作范围，不仅能够影响政策和运行机制，同时还能参与社会文化的构建。在这种情况下，设计师的影响力有可能跨越几年、几十年，甚至几代人，而且所提出的不以经济作为唯一衡量标准的发展倡议也凸显其重要性。因此，面对一个存在一定缺陷的成熟系统，设计师需要去面对并努力完善系统本身，而非推波助澜。[15]

第18章 作为企业家的设计师

“促进良好事业的最好方法是提供一个好的例子。”

——阿恩·奈斯（Arne Naess）

作为设计师，我们为企业、为我们自己的公司或客户创造产品。无论是哪种情况，我们的设计都是依赖于人们购买我们产品所形成的经济体系，现有的商业模式都是基于产品的产量。正如设计公司IDEO的鲍勃·亚当斯（Bob Adams）所指出的：“企业需要更多的东西，因为这就是他们的商业模式。”[16]

尽管我们会竭尽全力地去改变产品的材料和加工过程，使其更加环保，但我们每个人都知道“绿色”产品和“绿色”消费所带来的变化仍然停留在表面化，因为它们和所有的产品一样，完全依赖于消费市场，当市场消失时，“绿色”产品也会消失。最近Organic Exchange（一个支持有机农业的组织）的一份报告就证明了这一点，因此它建议农民只有在获得企业购买承诺的情况下才种植有机棉。[17]

尽管知道固有的商业模式阻碍了可持续发展的诸多先进理念，但设计师们也只能继续在当前的商业模式下工作。在日常工作中，设计师所认识到的和实际所做的事情之间的不协调造成了紧张和不安，然而，随着越来越多的经济学家开始认识到市场作为一种实现变革的能力机制所存在的缺陷时，设计师们也会充满自信地行动起来去解决这些问题，通过设计新产品和建立新的商业实践模式，利用自身的能力来实现认识上的飞跃。乔安娜·梅西（Joanna Macy）将这种创新称为“系统性创新”。[18]

改变思考和行动的方式

围绕可持续性发展的系统性创新始于思维模式和行为的改变，这就引导了基于生态性的商业活动的结构与实践的构建。因此，设计师们就会提出系列问题：新的商业将如何建立？它们与以前的又有哪些不同？设计将在其中扮演什么新角色？当时尚行业的产品和服务建立在一种完全不同的价值基础上时，将会出现什么样的审美？他们探索了经济学家蒂姆·杰克逊（Tim Jackson）所说的“边界能力”的创造性潜能，这些能力有助于我们在明确的限制范围内取得成功并生活得很好。[19]几位成熟的设计师已经可以突破固有的设计限制，并从中找到了自己的发展空间和实践方式，他们的业务呈现出多样化和多元化，与普通的行业设计功能形成鲜明对比。

例如，娜塔莉·沙南（Nathalie Chanin）在过去十年里一直围绕着繁荣和社区能力方面创造商业机会。她的时尚事业Alabama Chanin为我们提供了一种企业模式，其所有高品质的产品由阿拉巴马州弗洛伦斯的工匠手工制作。沙南所创造的商业模式的侧重点并不是在增长上，而是在对当地社区的承诺以及传统的拼布技艺的运用，她将这种技艺用于工艺精美的针织服装的裁剪和缝制上。这个企业宗旨指导着沙南所有的业务决策，包括她的目标市场（高档市场、纽约巴尼百货商店的零售或特别展会）。由于服装生产线受手工制作速度的限制，材料的产量也是有限的。沙南的补充产品与书（《阿拉巴马十字绣花簿》、《阿拉巴马工作室风尚》和《阿拉巴马工作室设计》）一起销售，这些书册的内容涵盖了畅销品的图案和制作说明。她还举办了缝纫培训班，在自己的公司中聘用受过技术培训的工人。公司的网站还提供各种各样的织物、线、珠子，以及家庭使用的小商品。除了提供额外的收入来源之外，这些副业还帮助建立了一个社团，将穿戴者、制造者和技能人员联系起来。这是一种完全不同于传统时尚行业的商业模式，如果只是关注经济增长，沙南就会把生产转移到印度，因为在印度，阿拉巴马的技术可以以更低的成本被复制。沙南的模式支持当地经济，并改变了穿戴者、制造商和社区之间的关系。

Dosa的克里斯蒂娜·金（Christina Kim）也找到了一种方式支持着

Alabama Chanin出品的婚纱上精美的刺绣和贴花

艺术家和设计师劳迪·琼斯特拉用荷兰地区本土羊的羊毛制成了有毛毡面料

Dosa 2010年春季系列的服装，在画廊中展示

她自己的创意活动，与印度和中国的模式相似，她与和她同样的女性群体合作了十多年。其服装精美，由手工制作，新生产线每年只生产两次，并以传统的技艺和当地的制作材料为特色。每年只提供两季的服装让克里斯蒂娜有时间去追求其他创造性的兴趣爱好，这些爱好包括珠宝、家具设计（赫曼米勒）、陶瓷（希思陶瓷），以及与爱丽丝·沃特斯（Alice Waters）和加利福尼亚伯克利的食材园合作的艺术装置。

荷兰设计师克劳迪·琼斯特拉（Claudy Jongstra）也在高端行业工作，她创造了有多种用途的毛毡面料。在这之中，她最重要的计划包括室内装饰、墙饰和地毯。她工作的总部位于荷兰偏远的北部。在这里，她养殖着自己的羊群，这种羊是当地特有的一种叫做德伦特希斯（Drenthe Heath）的稀有品种。琼斯特拉还建立了自己的染料工厂，并种植了许多用来给她的毛毡染色的植物。由于她对原材料到最终产品进行着整体把控，因此琼斯特拉不受任何一般工业极限、速度和浪费的限制。这种自由感也被带入到她的客户名单中：琼斯特拉有选择性地控制着她的客户数量。

琼斯特拉、克里斯蒂娜和沙南的创业方式与传统的产业截然不同，传统的方式主要聚焦在生产模式上，旨在用相同的服装开发更多的市场，并以价格竞争。与此相反，这些设计师在慢速、手工、自然加工和小规模的范围内工作，市场也在不断地发现他们的独特性。诚然，企业家的工作并不完全是高端的，对于Bedlam Boudoir而言就是如此，他所创建的基于生态性的

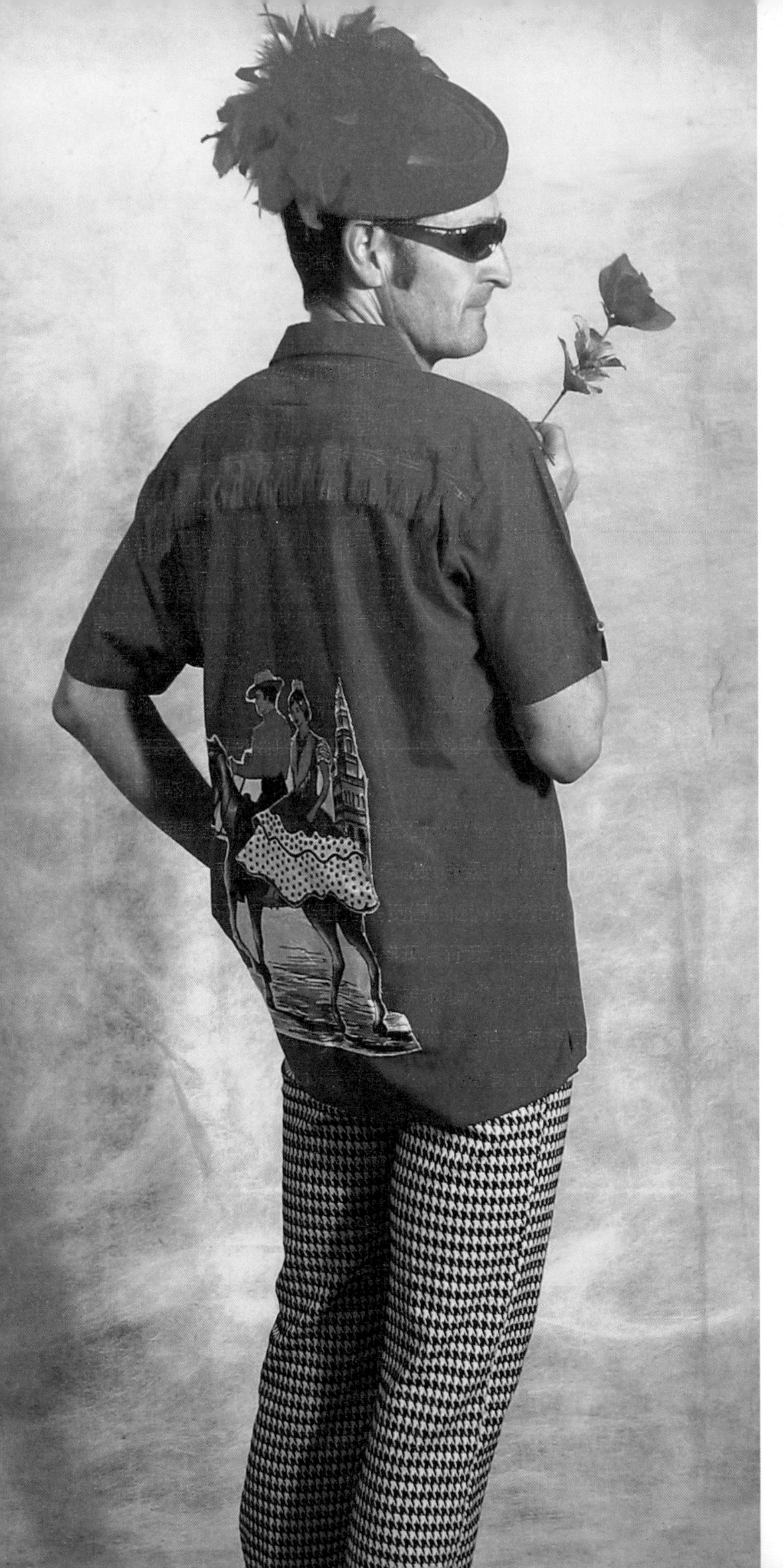

Bedlam Boudoir的衬衫，基于低污染实践所创造的，其产生的收益足以满足四个家庭的需要

时装生产模式产生的收益可以用来满足生活在英国的四个家庭。Bedlam Boudoir的生产由风力发电机和太阳能电池板充电的12V电池供电。这种精心设计的低污染解决方案完善了工厂的设置（一个毡房）及其产品——时髦又有滑稽风格的“回收式时装”，可在节日租用或在线销售。

使用新媒体

许多设计型企业的活动在网上找到了归属，在那里，可供选择的商业模式和沟通方式及网络的新渠道为可持续性创新带来了大量的机会。例如，在线公司Betabrand（见第131页）没有像传统公司那样用大批量的产品攻占市场，它受“众包模式”的推动，并使用买家穿着它们服装的照片（即“平民模特”）来塑造其网络形象。而SANS（见第107页）通过在网上销售可下载的纸样来完善其服装销售，在它的网站上还可以找到指导顾客自己制作服装、根据给出的说明进行调整的视频教程。诸如此类的在线活动随着“数字原住民”时代的到来，获得了更多的发展空间和动力，并通过创新和有价值的方式将技能、信息和时尚产品结合在一起。新的设计师型企业家（Designer-entrepreneurs）将不再是简单地成立公司来为现有的行业提供创新产品，相反，他们致力于思维上的创新，从而去改变行业本身。

结论

“由于对人类消费和浪费的动因了解不够，可持续设计只能成为一种边缘活动，而没有成为社会积极变革的核心先锋。”

——乔纳森·查普曼（Jonathan Chapman）[20]

“想象一个基于新范式的实践所带来巨大的变革潜力，它打破了实现可持续发展的杠杆作用点和一些可能性，这种认识和通过这种认识而解放出来的行动，被视为“经济、文化和社会复兴。”

——罗博·霍普金斯（Rob hopkins）[21]

本书为时尚界带来了一系列的创意和创新思路，这些创意源自于可持续性发展思维。可持续发展给时尚带来的挑战是非常深远的，其核心目标是促进能够创造社会和环境“财富”价值的活动，这一目标与当今的时尚产业有着本质上的区别。本书探讨了时尚界的“贫困”和“财富”，以及实践方法，它将不可持续发展问题最小化，同时为新的时尚系统创造条件，从而使这些问题都不复存在。要满足这种潜在需求，需要设计人员考虑改变固有的范式，而不只是改变产品和过程。

新一代的设计师早已开始以这种方式思考。他们见多识广、有上进心，并且正在打破传统，超越过去的工作方式。他们的策略包括突破原有的产品和系统，仅通过互联网进行设计和销售。除此之外，更多老牌的设计师已经开发出了自己的利基市场，他们拥有独特的网络关系，以信任和灵活性为基础，能够适应各种创造性的利益和价值。这些不同形式的实践方法，仅仅是存在那里，就已经开始潜移默化地改变着整个时尚体系。时尚业老手们的任务是接受这些实践方法和更多相关的工作，同时拓宽路径，大力支持和投资新企业，资助研究与发展，为新思想扎根和繁衍提供沃土，去建立起戴维·科腾（David Korten）所说的“真正的财富”。[22]随着时间的推移，这些联合行动将改变时尚行业的实践活动及其产品和服务在我们社会中的意义。同时毋庸置疑，时尚界的任何成就都将得到广泛传播，因为时尚的流通是全球性的，因此有可能激发创意思维，塑造文化态度，并在全世界发展新的行为。

最后，我们总结出了在可持续的未来，设计师和时尚界中可能出现的活动、创新和机遇：

- 时尚设计将成为影响力，而不是趋势引导。[23]随着以恢复环境和社会为目的的新思想的出现，这些新思想将成为创新的驱动因素，并且在不同的地域、合作关系和文化中涌现出来，而不再是抽象的“趋势预言”。

- 时尚会产生一种反映不同商业方式的多元化美学。这种美学是从具有区域特点的材料，可获得的过程/技能、文化，以及生产方式中出现的。

- 随着原材料日益稀缺，时尚的非物质方面将会被更加认同。由于同样的原因，时尚的物质成分也将会得到更多的重视和尊重。

- 时尚产品及其相关服务将根据区域环境状况和生态系统的存储、流动和能力来适应、调节和变化。

- 当然，无论是通过优化使用的工艺，再利用的工艺，最小的提炼工艺，还是非物质品质的工艺，设计师们都会将服装中能量和水的使用进行优化。

- 设计师们将成为战略家，与经济学家、政策制定者、生态学家、商业领袖，以及科学家一起工作，共同合作，对社会和文化变革产生积极影响。

- 设计师们将参考社会学、伦理学、心理学和生态学的“慢知识”，并将这些知识迅速应用于行业实践，从而催生出全新的商业模式。

- 许多以可持续性为核心的商业类型即将出现。商业仍将作为驱动因素，但成功与否将通过社会、文化和环境价值来进行评价。

- 时装生产的规模将与企业监察社会、环境和文化效益与缺陷的能力有关，并将进行相应的调整。

- 企业将在规模上进行重构。任何商业模式都不会因为规模巨大就立于不败之地，反而会因为太大而无法适应和改变。生产规模将由企业所在的生态系统和社区来监测其有效收益（包括经济收益和环境收益等方面）的能力来确定。随着企业的发展，他们也将会在恢复社会和环境质量方面发挥更大的作用。

- 教育机构将成为“慢知识”的发源地，并成为新型商业模式的孵化器，为快速实施可持续发展理念提供一个安全的场所：“失败得越早，成功得越快。”[24]

词汇表/参考书目/作者致谢

词汇表

韧皮纤维（Bast Fibres）： 植物茎的形成层外侧部分可剥取用于纺织的纤维，如亚麻、大麻和黄麻。

生物可降解合成纤维（Biodegradable Synthetic Fibres）： 以植物为原料的合成纺织材料，符合最低分解标准。

生物燃料（Biofuel）： 也被称为农业燃料，主要来自生物质能、植物作物或生物废料，可减少温室气体排放。

生物质能（Biomass）： 一种可再生能源，来源于植物、废弃物、氢气和酒精燃料等生物材料。

CAD/CAM： 计算机辅助设计/计算机辅助制造。

纤维素纤维（Cellulose Fibre）： 由植物碳水化合物纤维素制成的纤维，包括一些天然纤维（如棉花、亚麻、荨麻、剑麻等）和人造纤维（如Lyocell、模态、黏胶）。

CMT（裁剪、制造和整理）： 指来料加工，由进口商提供面料和其他辅料，由生厂商生产加工成成品服装。

CSR： 企业社会责任。

可降解纤维（Degradable Fibres）： 基于石油合成聚合物的纤维，分解过程通常需要几年时间，但相比其他合成纤维要快得多。

弹性纱线/弹性体（Elastomeric Yarn/Elastomer）： 具有弹性的材料，将弹性纤维与其他纤维混纺能够提供弹性，提高服装的舒适度和合体性。

内含能（Embodied Energy）： 指制造产品过程中所使用的能量，包括纤维生产、制造、运输和最终处置。

内衬（Facing）： 一种织物增强层，常被添加到服装的内部或下侧，以改善服装的造型、挺括度或使用寿命。

公平贸易（Fairtrade）： 以对话、尊重和透明为基础的贸易伙伴关系，通过提供更好的贸易条件，保障被边缘化的生产者和工人的权利，寻求更大的国际贸易公平。

轧棉（Ginning）： 将棉纤维与棉籽分离的方法。

GM（基因改造）： 利用生物技术改造植物及其产品，开发出新的特性，如增加抗病虫害能力、抗高剂量除草剂的能力。

GOTS： 全球有机纺织品标准。

坯布（Greige）： 织物在染色或漂白前的原始状态。

病虫害综合治理（Integrated Pest Management）： 基于对害虫生态学的理解，依靠一系列预防策略和生物控制使害虫种群保持在可接受范围内的系统管理方法。低风险农药只作最后手段，并考虑将风险降至最低。

LCA： 生命周期评估。

莱赛尔纤维（Lyocell）： 由木浆纤维素制成的可生物降解的纤维。

茜草（Madder）： 可用来产生红色的天然染料植物。

丝光处理（Mercerization）： 用苛性碱溶液处理棉纱或织物，使纤维膨胀，增加强度、光泽、染色效果。

媒染剂（Mordant）： 用于固定织物染色的物质。

NGO（非政府组织）： 一个独立于政府运作的合法组织。

非降解纤维（Non-Degradable Fibres）： 基于石油合成聚合物，无法在人类和产业的时间内分解。

聚醚砜树脂（PES）： 从石油化工产品中提炼出来的合成材料，是一种综合性能优异的热塑性高分子材料。

聚对苯二甲酸乙二酯（PET）： 用于合成纤维的聚酯家族中的一种热塑性聚酯。

全氟化合物（PFC）： 用于制造防污渍、防油和防水织物的有机化合物。

聚乳酸（PLA）： 一种可再生生物降解材料，使用可再生的植物资源的淀粉原料制成。

高聚物（Polymer）： 高分子化合物，可用于制造纤维。

季铵化硅氧烷（Quaternized Silicone）： 一种抗菌整理剂，可减少织物表面的细菌含量，保持织物洁净。

沤麻（Retting）： 将纤维与植物茎的木质物质和植物组织分离的发酵过程，通常用于韧皮纤维。

射频识别技术（RFID）： 为优化服装在整个供应链中流动而开发的信息收集技术。

织边（Selvedge）： 织物的经编边缘，用来防止磨损。

三氯生（Triclosan）： 用作纺织品抗菌处理的化学物质。

UNEP： 联合国环境规划署。

UNESCO： 联合国教科文组织。

USDA： 美国农业部。

黏胶纤维（Viscose）： 再生纤维素纤维和第一批大规模生产的纤维之一。

经纱（Warp Threads）： 机织织物中最结实的纱线或细丝，纵向延伸并平行于布边。

纬纱（Weft Threads）： 机织织物中的横向纱线，与经纱直角交织。

菘蓝（Woad）： 可用来产生蓝色的天然染料植物。

参考书目

前言

[1] Riegels Melchoir, M., '"Doing" Danish Fashion', Fashion Practice, 2 (1) (2010), p.20.
[2] Orr, D.W. (2009), Lecture at the Brower Center, Berkeley, Calif., 24 August 2009.
[3] Spratt, S., A. Simms, E. Neitzert and J. Ryan-Collins, The Great Transition, London: New Economics Foundation (2009).

第1部分

[1] Schwartz, B., 'Wise Up', Sublime, No. 16 (2009), p.47.
[2] GMO Compass, Rising trend: Genetically modified crops worldwide on 125 million hectares (2009), http://www.gmo-compass.org/eng/agri_biotechnology/gmo_planting/257.global_gm_planting_2008.html (accessed 15 April 2009).
[3] Fletcher, K., Sustainable Fashion and Textiles: Design Journeys, London: Earthscan (2008), p.32.
[4] DuPont, Sorona (2009), http://www2.dupont.com/Sorona/en_US/index.html (accessed 14 October 2009).
[5] Wilson, A., 'A question of sport', Ecotextile News, No. 22 (2009), pp.28–30.
[6] White, P., M. Hyhurst, J. Taylor and A. Slater, 'Lyocell fibres' in R.S. Blackburn (ed.), Biodegradable and Sustainable Fibres, Cambridge, UK: Woodhead Publishing (2005), p.171.
[7] 'GM trees could boost Tencel', Ecotextile News , No. 35 (2010), p.1.
[8] Blackburn, R.S., Introduction, in R.S. Blackburn (ed.) (2005), op. cit., p.xvi.
[9] Fedorak, P.M., 'Microbial processes in the degradation of fibres', in R.S. Blackburn (ed.) (2005), op. cit., p.1.
[10] Fletcher, K. (2008), op. cit., p.100.
[11] McDonough, W. and M. Braungart, Cradle to Cradle, New York: North Point Press (2002).
[12] 'Teijin to roll out "Biofront" in 2009', Ecotextile News (2009), No. 21, p.7.
[13] 'DuPont joins race to offer biopolymers', ENDS (Environmental Data Services) report no. 346 (2003), p.32–3.
[14] 'Biodegradable clothing from Japan', Ecotextile News, No. 9, 2007, p.28.
[15] http://www.trigema.de/ (accessed 8 June 2010).
[16] PAN UK, 'Living with poison – pesticides in West African cotton growing', Pesticides News, No. 74 (December 2006), p.17–19.
[17] Environmental Justice Foundation, Child Labour and Cotton in Uzbekistan (undated), http://www.ejfoundation.org/page145.html (accessed 6 May 2009).
[18] Fairtrade Foundation, The Fairtrade Mark (2008), http://www.fairtrade.org.uk/what_is_fairtrade/fairtrade_certification_and_the_fairtrade_mark/the_fairtrade_mark.aspx (accessed 22 April 2009).
[19] PAN UK, My Sustainable T-Shirt, London: PAN UK (2007), p.20.
[20] Environmental Justice Foundation and PAN UK, The Deadly Chemicals in Cotton, London: Environmental Justice Foundation and PAN UK (2007).
[21] GMO Compass, Rising trend: Genetically modified crops worldwide on 125 million hectares (2009), http://www.gmo-compass.org/eng/agri_biotechnology/gmo_planting/257.global_gm_planting_2008.html (accessed 15 April 2009).
[22] US Department of Agriculture, Adoption of Genetically Engineered Crops in the U.S. (2009), http://www.ers.usda.gov/Data/BiotechCrops/ (accessed 3 September 2009).
[23] International Cotton Advisory Committee (ICAC), Report of the second expert panel on biotechnology of cotton, Washington, DC: International Cotton Advisory Committee (2004), p.5.
[24] Ibid.
[25] 'GM cotton under scrutiny', Ecotextile News, No, 35 (2010), p.4.
[26] International Forum for Cotton Promotion, Prospects for Cotton Promotion, The Journal of the International Forum for Cotton Promotion, Vol. 24 (2010), available at: http://www.cottonpromotion.org/features/prospects_for_cotton_promotion/ (accessed 7 June 2010).
[27] The Organic Exchange, e-mail correspondence, 24 March 2010.
[28] Grose, L., 'Sustainable Cotton Production', in R. Blackburn, Sustainable Textiles: life cycle and environmental impact, Cambridge, UK: Woodhead Publishing (2009), p.33–62.
[29] Fitt, G. and L.J. Wilson (2002), as cited in ICAC (2004), op.cit., p.31.
[30] ICAC, 'Concerns, apprehensions and risks of biotech cotton', ICAC Recorder, March, XXIII (1).
[31] http://peakoil.com/ (accessed 17 April 2009).
[32] Patagonia (undated), Patagonia's Common Threads Garment Recycling Program: A Detailed Analysis, p.7; and 'Toray offers recycled nylon', Ecotextile News, No. 4 (2007), p.23.
[33] Laursen, S.E. and J. Hansen, Environmental Assessment of Textiles, Project No. 369, Copenhagen: Danish Environmental Protection Agency (1997), pp.31–101.
[34] Food and Environment Research Agency, Centre for Technical Textiles, University of Leeds and Textile Engineering and Materials Research Group, De Montfort University, The role and business case for existing and emerging fibres in sustainable clothing, Draft Final Report, London: DEFRA (2009).
[35] Carbon Trust, Working with Continental Clothing: Product Carbon Footprinting in Practise, Case study CTS056 (2008), http://www.carbon-label.com/casestudies/ContinentalClothing.pdf (accessed 22 September 2009).
[36] http://www.cottonroots.co.uk/ (accessed 22 September 2009).
[37] http://www.birdtextile.com/ (accessed 22 September 2009).
[38] Kiernan, I., Public Information – Ian Kiernan, UNEP (1998), http://www.unep.org/sasakawa/index.asp?ct=pubinfo&info=kiernan (accessed 23 April 2009).
[39] UNESCO, World Water Development Report 3, Water in a Changing World (2009), http://webworld.unesco.org/water/wwap/wwdr/wwdr3/index.shtml (accessed 23 April 2009), and World Economic Forum Water Initiative, Managing Our Future Water Needs for Agriculture, Industry, Human Health and the Environment (2009), http://www.weforum.org/en/initiatives/water/index.htm (accessed 23 April 2009).
[40] Grose, L., 'Sustainable cotton production', in R. Blackburn (2009), op. cit., p.39.
[41] Kininmonth, M., 'Planting Ideas', Ecotextile News, No. 7 (2007), pp.28–9.
[42] Food and Environment Research Agency, Centre for Technical Textiles (2009), op. cit.
[43] Patagonia.com, Footprint Chronicles (2009), http://www.patagonia.com/web/us/footprint/index.jsp?slc=en_US&sct=US (accessed 22 September 2009).
[44] Callenbach, E., Ecology, A Pocket Guide (10th edn), Berkeley, Calif.: University of California Press (2008), p.156.
[45] Imhoff, D., Farming With the Wild, Healdsburg, Calif: Watershed Media and Sierra Club Books (2003).
[46] http://www.patagonia.com/ (accessed 9 June 2010).
[47] Imhoff, D. (2003), op. cit.
[48] Ibid.
[49] Ibid., p.143.
[50] Macy, J. and M. Young Brown, Coming Back to Life, Gabriola Island, Canada: New Society Publishers (1998).
[51] Moore, G. and K. Walsh-Lawlor, Gap Inc, in conversation, 2007.
[52] Waeber, P., founder and CEO Bluesign, exchange via e-mail, 20 May 2010.
[53] 'Waterless Denim Bleaching', Ecotextile News, No. 24 (2009), p.22.
[54] 'Defying Logic to Save Precious Resources', Ecotextile News, No. 24 (2009), p.20.
[55] http://www.bluesign.com/ (accessed 9 June 2010).
[56] http://www.thecleanestline.com/2010/01/competitors-working-together-toward-a-common-good.html (accessed 19 May 2010).
[57] Weaber, P., Bluesign presentation, The Design of Prosperity workshop, Boras Textile University (3 September 2009).
[58] Clay, J. World Agriculture and the Environment, Washington, DC: Island Press (2004), p.288.
[59] Clay, J. (2004), op. cit., p.295.
[60] Grose, L. and E. Williams, 'Environmental Impact Assessment of Dye Methods on Cotton, Wool, Polyester and Nylon', internal research document for Patagonia, author's archives, Muir Beach (1996), p.22.
[61] Milmo, S., 'Developments in textile colorants', Textile Outlook International (Jan–Feb 2007), pp.26–8.
[62] Johnson, P., 'Huntsman Textile Effects', 'Basics of Dyeing' presentation, Organic Exchange Conference, Seattle, Wash. (21 October 2009).
[63] Salter, K., Environmental Impact of Textiles, Cambridge, UK: Woodhead

Publishing (2000), p.201
[64] 'From Zero to Hero', Ecotextile News, No. 24 (May 2009), p.18.
[65] http://www.tuscarorayarns.com/ (accessed 9 June 2010).
[66] Subramanian Senthil Kannan, M., S. Gobalakrishnan, R. Kumaravel and K.J. Nithyanadan, 'Influence of cationization of cotton on reactive dyeing', Journal of Textile and Apparel, Technology and Management, 5 (2) (2006), pp.1–16. Available from http://www.p2pays.org/ref/21/20821.pdf (accessed 24 June 2010).
[67] Rissanen, T., 'Creating fashion without the creation of fabric waste' in Sustainable Fashion, Why Now, J. Hethorne and C. Ulacewitz C (eds), New York: Fairchild Publishing (2008), pp.184–206.
[68] Hawken, P., A. Lovins and L. Hunter Lovins, Natural Capitalism, as cited in J. Thakara, In the Bubble, Cambridge, Mass.: MIT Press (2006), p.12.
[69] Rissanen, T. (2008), 'Creating Fashion without the Creation of Fabric Waste' in J. Hethorn and C. Ulaswewixz (eds.), Sustainable Fashion, Why Now? Fairchild Books.
[70] http://www.materialbyproduct.com/ (accessed 9 June 2010).
[71] Oxfam International, Rigged Rules and Double Standards: trade, globalization, and the fight against poverty, New York: Oxfam International and Make Trade Fair (2002), p.7.
[72] Quigley, M. and O. Charlotte, Fair Trade Garment Standards: Feasibility Study, San Francisco: Trans Fair USA (2006), p.16.
[73] Rivoli, P., Travels of a T-shirt in the Global Economy, Hoboken, N.J.: John Wiley and Sons (2005), p.106.
[74] Allwood, J.M., S.E. Laursen, C. Malvido de Roderiguez and N.M.P. Bocken, Well Dressed? Cambridge, UK: University of Cambridge, Institute of Manufacturing (2006), p.62.
[75] Oxfam International (2002), op.cit., p.12.
[76] Quigley, M. and O. Charlotte (2006), op. cit., p.21.
[77] H&M Hennes and Mauritz AB, 2008 Sustainability Report (2009) at http://www.hm.com/us/__csrreporting2.nhtml (accessed 29 September 2009), p.61.
[78] Walsh Lawlor, K., Vice President, Strategic Planning and Environmental Affairs, Gap Inc, in conversation, 2009.
[79] Del Forte, T., TransFair USA Senior Manager, Apparel and Home Goods, in conversation, 2009.
[80] Allwood, J.M. et al (2006), op. cit., p.14.
[81] Oxfam International (2002), op. cit., p7.
[82] Esprit International, Esprit collection, Fall 1992 update sheet, Employee Reference Manual, Esprit International (1992), author's archives, Muir Beach. [As before].
[83] Loughman, E., Environmental Analysis, Patagonia, Horizon Issue: Climate Change, panel at Organic Exchange, Pacific Grove, 1 January 2007.
[84] Loker, S. (2009), op. cit., p.114.
[85] Graedel and Allenby (1995), as cited in H.B.C. Tibbs (2000), The Technology Strategy of the Sustainable Corporation, in D. Dunphy et al (eds), Sustainability: the corporate challenge of the 21st century, St. Leonards, NSW: Allen and Unwin (2000), p.196.
[86] Brown, M.S, founder, Brown and Williams Environmental Consulting, Santa Barbara, Calif., in conversation, 29 September 2009.
[87] Mau, B. and J. Leonard, Massive Change, London: Phaidon Press (2007), introduction, unpaginated.
[88] Loughman, E. (2007), op. cit.
[89] H&M Hennes and Mauritz AB (2009), op. cit.
[90] Donbur.co.uk, M&S Cuts Carbon with Teardrop Trailers, at http://www.donbur.co.uk/gb/news/mands_teardrop_trailer.shtml (accessed 10 February 2009).
[91] Ibid.
[92] Brown, L. Plan B 4.0: mobilizing to save civilization, New York: W.W. Norton (2009), p.131.
[93] http://www.unep.fr/scp/communications/ad/details.asp?id=6684432&cat=4 (accessed 9 June 2010).
[94] Beton, A., A. Schultze, J. Bain, M. Dowling, R. Holdway and J. Owens, Reducing the environmental impacts of clothes cleaning, London: DEFRA research project EV0419 (2009).
[95] Patterson, P., 'Nature's natural answer', Ecotextile News, No. 30 (2010), pp.20–21.
[96] Beton, A. et al (2009), op. cit.
[97] http://myoocreate.com/challenges/care-to-air-design-challenge (accessed on 10 June 2010).
[98] Data: Levi Strauss and Co. Facilities Environmental Impact Assessment (FEIA) and 2007 Cycle Assessment of Levi's 501 Jean, in Kobori M., (2010) Traceability, Cotton, and Collaboration: Levi Strauss and Co.'s Drive for More Sustainable Agriculture, presentation at Stanford GSB: Socially and Environmentally Responsible Supply Chain Conference, 29 April 2010.
[99] Jorgenson, H., 'Spotless laundry leaves less blemish on the environment', Corrections Forum, 17 (2) (2008), pp.39–41.
[100] http://www.laundrylist.org/ (accessed 21 October 2009).
[101] Allwood, J.M. et al (2006), op. cit., p.16.
[102] 'Council agrees on WEEE', ENDS report, no. 317 (2001), p.37.
[103] Marks and Spencer, 'M&S and Oxfam Clothes Exchange becomes UK's biggest homewares recycling campaign' (2009), http://corporate.marksandspencer.com/investors/press_releases/planA/Oxfam_Clothes_Exchange (accessed 18 March 2010).
[104] Laursen, S.E., J.M. Allwood, M.P. De Brito and C. Malvido De Rodriguez, Sustainable recovery of products and materials – scenario analysis of the UK clothing and textile sector, Design and Manufacture for Sustainable Development, 4th International Conference, Newcastle, UK (12–13 July 2005).
[105] Allwood, J.M. et al (2006), op. cit., pp.18–19.
[106] Alvarez, D., CEO Goodwill Industries, San Francisco, San Mateo and Marin counties, Calif., in conversation, 2009.
[107] 'The carbon challenge for textile fibres', Ecotextile News, No. 16 (2008), p.31.
[108] Patagonia (undated), Patagonia's Common Threads Garment Recycling Program: A Detailed Analysis, p.7; and 'Toray offers recycled nylon', Ecotextile News, No. 4 (2007), p.23.

第2部分

[1] Daly, H., Steady-State Economics, 2nd edn, London: Earthscan (1992), p.20.
[2] Rawles, K., 'Changing Direction', Resurgence (2009), 257, p.38.
[3] Ehrenfeld, J.R., Sustainability by Design, New Haven, Conn.: Yale University Press (2008), p.9.
[4] Guralnik, D.B., Webster's New World Dictionary of the American Language, 2nd edn, New York: William Collins (1980).
[5] Callenbach, E., Ecology, A Pocket Guide, 10th edn, Berkeley, Calif.: University of California Press (2008).
[6] Chapman, J., Emotionally Durable Design: Objects, experiences and empathy, London: Earthscan (2005).
[7] Norman, D.A., Design of Everyday Things, New York: Doubleday/Currency (1988).
[8] Dunne, A. and F. Raby, Design Noir: The secret life of electronic objects, Basel: Birkhäuser, and London: August (2001), p.45, in J. Chapman (2005), op. cit., p.71.
[9] Chapman, J., (2005), op. cit., p.71.
[10] Ibid., p. 51
[11] Influenced by Callenbach, E., F. Capra and S. Marburg, Global File Report No. 5: Eco-Auditing and Ecologically Conscious Management, Simplified Metabolic Chart of a Prototypical Company, Elmwood Institute, Berkeley, Calif. (undated), p.45.
[12] Franklin Associates, Resource and Environmental Profile Analysis of a Manufactured Apparel Product: Woman's knit polyester blouse, Washington, DC: American Fiber Manufacturers Association (1993).
[13] DEFRA, Sustainable Clothing Action Plan, London: HMSO (2008).
[14] 'Perfluorinated pollutants linked to smaller babies', ENDS (Environmental Data Services) report no. 392 (2007), pp.26–7.
[15] 'Green groups publish chemical blacklist', ENDS report no. 405 (2008), pp.24–5.
[16] Fletcher, K., Sustainable Fashion and Textiles: Design Journeys, London: Earthscan (2008), p.86.
[17] Fletcher, K., The Local Wisdom Project (2009), http://www.localwisdom.info/ (accessed 10 September 2009).
[18] Leventon, M., Fashion Historian, California College of the Arts, Fashion Program, San Francisco (in conversation 2 April 2010).
[19] TED, The T-shirt Interactive, London: Chelsea College of Art and Design (1997).
[20] www.bagborroworsteal.com, March 2010.
[21] Allwood, J.M., S.E. Laursen, C. Malvido de Roderiguez, and N.M.P. Bocken, Well Dressed? Cambridge, UK: University of Cambridge, Institute of Manufacturing (2006), p.34.
[22] Freese, B. (2007) in L. Grose (2009) Sustainable Textiles: Life cycle and environmental impact, London: Woodhouse Publishing, p.37.
[23] http://www.jennywelwert.com/iWeb/jennywelwert/Maca%20bag%20project%20summary.html
[24] Anonymous artisan, in conversation, working on location with Aid to Artisans, Tiblisi (1997).

[25] Morris, W., (1996), op. cit., p.xxxii.
[26] Morris, W., (1996), op. cit., p.132.
[27] Imhoff, D., 'Artisans in the global bazaar', Whole Earth Review, no. 94 (Autumn 1998), pp.76–81.
[28] Sharambeyan, A., Leader of Armenian Crafts Enterprise Council, now Sharan Crafts Center, in conversation, working on location with Aid to Artisans, Yerevan (1997).
[29] Morris, W., (1996), op. cit.
[30] Benyus, J., Biomimicry: Innovation inspired by nature, New York: William Morrow (1997), p.240.
[31] http://www.biomimicryinstitute.org/ (accessed 2 March 2009).
[32] Jackson, W., in J. Benyus (1997), op. cit., p.9.
[33] Brand, S., Whole Earth Discipline: An ecopragmatist manifesto, New York: Penguin (2009), p.224.
[34] Meadows, D., Thinking in Systems, Earthscan: London (2010), p80.
[35] Hawken, P., A. Lovins and L. Hunter Lovins, Natural Capitalism: Creating the next industrial revolution, Boston: Little Brown (1999), p.88.
[36] Asknature.org, http://www.asknature.org/strategy/1ebbd861249e5657c8c21b4fabe0d0f4 (accessed 4 May 2010).
[37] Hawken, P. et al (1999), op. cit., p.14, p.81.
[38] Benyus, J. (1997), op. cit., p.250.
[39] Meadows, D.H., Thinking in Systems: A Primer, White River Junction: Chelsea Green Publishing (2009).
[40] Chaudhary, S., Managing Director, Pratibha Syntex, personal communication by e-mail, 19 May 2010.
[41] Ibid p87.
[42] Korten, D.C., Agenda for a New Economy: From phantom wealth to real wealth, San Francisco: Barrett-Koehler (2009), p.14.
[43] Ibid., p.33.
[44] Ibid., p.183.
[45] Goodwill Industries, San Francisco, San Mateo and Marin counties (undated), At a Glance Fact Sheet, San Francisco: Goodwill Industries.
[46] Berry, W., What Are People For? Berkeley, Calif.: North Point Press (1990).
[47] Daly, H. (1992), op. cit.
[48] Fashioning an Ethical Industry, The fashion industry and poverty reduction, Factsheet 3a (undated), www.fashioninganethicalindustry.org, p.3.
[49] Shah, D., 'View', Textile View Magazine, vol. 82 (2008).
[50] Carter, K., 'Why fast fashion is so last season', Guardian Online, 23 July 2008 http://www.guardian.co.uk/lifeandstyle/2008/jul/23/ethicalfashion.fashion (accessed 31 March 2010).
[51] Clark, H., 'Slow + Fashion', Fashion Theory, 12 (4) (2008), pp.427–46.
[52] Von Busch, O., FASHION-able: Hactivism and engaged fashion design, PhD thesis, Gothenburg, Sweden: Art Monitor (2008), p.56.
[53] Anderson, C., The Long Tail, New York: Hyperion Books (2006).
[54] Fletcher, K. (2008), op. cit., p.123.
[55] Fletcher, K. and L. Grose, 'Fashion That Helps Us Flourish', Turin, Italy: Changing the Change conference proceedings (10–12 July 2008).
[56] Fuad-Luke, A., Design Activism: Beautiful strangeness for a sustainable world, London: Earthscan (2010).
[57] Banerjee, B., 'Designer as Agent of Change, A Vision for Catalyzing Rapid Change', Turin, Italy: Changing the Change conference proceedings (10–12 July 2008), p.4.
[58] Wendell, B. (1990), op. cit., p7.
[59] New American Dream, New American Dream Survey Report (Sept 2004), p.3, http://www.newdream.org/ (accessed 25 March 2009).
[60] Imhoff, D., Food Fight: The citizen's guide to a food and farm bill, Healdsburg, Calif.: Watershed Media (2007).
[61] Cohen, R., 'Schools of Lost Children', Pacific Sun, 19–25 March 2010, pp.13–16, review of the movie Race to Nowhere by Vicki Abeles.
[62] Daly, H. (1992), op. cit., p.xii.
[63] Shah, D.R., publisher and editor, Textile View Magazine, e-mail correspondence, 21 May 2010.
[64] Martin, A., http://www.littlebrowndress.com/brown%20dress%20archive%20home.htm (accessed 5 October 010).
[65] World Wildlife Fund for Nature, Natural Change: psychology and sustainability (2010), available at www.naturalchange.org.uk.
[66] Marchand, A. and S. Walker, 'Beyond Abundance, Motivations and perceived benefits underlying choices for more sustainable lifestyles', Turin, Italy: Changing the Change conference proceedings (10–12 July 2008).
[67] Badke, C. and S. Walker, 'Being Here: Attitude, place, and design for sustainability', Turin, Italy: Changing the Change conference proceedings (10–12 July 2008).
[68] Chapman, J. (2006), op. cit.
[69] Hyde, L., The Gift, New York: Vintage Books (1979).
[70] Callenbach, E. (2008), op. cit., p.83.
[71] Farrell, R., 'Fashion and Presence', Nomenus Quarterly 3, (2008), unpaginated.
[72] Von Busch, O. (2008), op. cit., p.181.
[73] Ibid., p.109.
[74] Ibid.
[75] Shove, E., Watson, M., Hand, M. and Ingram, J. (2007), The Design of Everyday Life, Oxford: Berg, p.133.
[76] Fuad-Luke, A. (2009), op. cit., p.99.
[77] Ibid.
[78] http://www.antiformindustries.com/ (accessed 7 June 2010).
[79] http://www.dianesteverlynck.be/ (accessed 7 June 2010).
[80] Sennett, R., The Craftsman, London: Penguin Books (2008), p.9.
[81] Ibid., p.21.
[82] Ibid., p.20.
[83] http://www.cca.edu/academics/finar/curriculum/fall/604/16.
[84] http://www.we-make-money-not-art.com/archives/2010/01/the-craftwerk-20-exhibition-th.php.
[85] Von Busch, O. (2008), op.cit., p.62.
[86] Ibid.
[87] Ibid., p.59
[88] Levy, S. (1994) as cited by von Busch, O. (2008), op. cit., p.62.
[89] Galloway, A. (2004) in von Busch, O. (2008), op. cit., p.63.
[90] Von Busch, O. (2008), op. cit., p.238

第3部分

[1] Banerjee, B., 'Designer as Agent of Change, a Vision for Catalyzing Rapid Change', Turin, Italy: Changing the Change conference proceedings (10–12 July 2008), p.3.
[2] Fuller, R.B., as cited in V. Papanek, Design for the Real World, London: Thames and Hudson (1984), p.326.
[3] Esty, D., 'Is going green more than a fad?' Interview on National Public Radio, Marketplace from America, 18 May 2010. Transcript available at http://marketplace.publicradio.org/display/web/2010/05/18.
[4] Papanek, V. (1984), Design For the Real World, London: Thames and Hudson, p.228.
[5] Banerjee, B. (2008), op. cit., p3.
[6] Orr, D.W., The Nature of Design: ecology, culture and human intention, New York: Oxford University Press (2002), p.31.
[7] Ibid., p.3.
[8] http://www.bath.ac.uk/carpp/publications/coop_inquiry.html (accessed 27 June 2010).
[9] Brown, T., Change by Design: How design thinking transforms organizations and inspires innovation, New York: Harper Business (2009), p.5.
[10] Von Busch, O., Re-forming Appearance: Subversive strategies in the fashion system – reflections on complementary modes of production (2005), available from http://www.selfpassage.org, p.10.
[11] http://www.kulturservern.se/wronsov/selfpassage/disCook/disCook.htm (accessed 11 May 2010).
[12] Papanek, V. (1984), op. cit., p.55.
[13] Brown, T. (2009), op. cit., p.216.
[14] Banerjee, B. (2008), op. cit., p.2.
[15] Influenced by Jensen, D. (2009), 'Forget Shorter Showers', in Orion (July/August 2009), pp.18–19.
[16] Adams, B., Design Green Now panel, California College of the Arts, San Francisco (27 March 2009), also accessible at: http://www.designgreennow.com/2009/03/27/bob-adams-sustainability-lead-ideo/.
[17] Organic Exchange, 'Global Organic Cotton Market Hits $3.2 Billion in 2008, Organic Exchange Report Shows' (2009), www.organicexchange.org (accessed 4 February 2009).
[18] Macy, J. and M. Young Brown, Coming Back to Life, Gabriola Island, Canada: New Society Publishers (1998).
[19] Jackson, T., Prosperity Without Growth, London: Sustainable Development Commission (2009), p.34.
[20] Chapman, J., Emotionally Durable Design: Objects, experiences and empathy, London: Earthscan (2005), p.10.
[21] Hopkins, R., The Transition Handbook, Totnes, UK: Green Books (2008), p.213.
[22] Korten, D.C., Agenda for a New Economy: From phantom wealth to real wealth, San Francisco: Berrett Koehler (2009).
[23] Banerjee, B. (2008), op. cit., p.10.
[24] Brown, T. (2009), op. cit., p.17.

作者致谢

时尚可持续的概念并不是始于本书，也不会就此画上句号，关于这点无需赘述说明。这里，我们要由衷感谢所有的参与者、理论家、同事、学生，以及积极分子。在本书的撰写过程中，特别感谢保罗·霍肯所给予的源源不断的灵感和细密周全的考虑，凯特·琳托斯-斐杰（Katelyn Toth-Fejel）井然有序的组织工作，路西·简·巴彻勒（Lucy Jane Batchelor）和史杜梅·洛萨达（Shidume Lozada）为版式带来的生动视觉效果，以及Laurence King团队为我们提供的全力支持和后勤指导。我们还要感谢所有为我们提供图片的设计师，品牌和组织，没有他们，这本书就无法完成。同时，感谢马库斯（Marcus）的校对和对手稿的删减和修改，这需要非常大的决心。最后，感谢我们的家人和朋友，让我们有足够的时间完成本书。

后记

本书是对可持续发展事业有着饱满热情的一群人共同的心声，也是对时尚未来可能性的期许和探索！凯特·弗莱彻和林达·格罗斯两位教授对时尚和可持续发展的不懈努力和深入广泛的研究，为我们树立了榜样，也提供了诸多的思考与指导。将本书介绍给中国读者，希望能唤起更多人对时尚的重新审视，使中国的时尚产业在全球可持续发展运动中找到自己的发展之路。

本书经过一年多的努力，终于付梓！感谢东华大学出版社谢未老师耐心细致的协调工作，感谢研究组王小雷老师的大力支持，也感谢所有参与本书翻译和文献整理工作的研究生，他们是朱佳媛、王洋、陶亚奇、史丹娜、李文姣、熊英、张瀚汐、吴星语、张静姵、刘洋君等。

由于译者的英文水平和专业知识的局限性，本书的翻译不可避免地存在一些不足甚至误读，恳请专家学者批评指正！

陶辉

于2018年夏末